网上购药指导

主编◎刘华钢

中国医药科技出版社

内 容 提 要

　　网上购药因其快捷、方便的特点拥有越来越多的用户，为了更好地帮助读者根据自身症状合理、安全地进行网上购药，本书首先介绍了如何找到网上合法药店，以及药物的分类、合法药品的规范标签、说明书、有效期、常见药物剂型、服药时间等知识，随后针对常见的头颈部、眼睛、鼻子、口腔、耳朵、呼吸系统、胃肠系统、妇科、泌尿系统、四肢关节、皮肤、足部及其他全身性的病症，以及小儿常见病症的主要表现和可选药品品种、建议用药品种进行了归纳整理，便于读者随时查找病症，对症购药，安全用药。

图书在版编目（CIP）数据

网上购药指导 / 刘华钢主编 . —— 北京：中国医药科技出版社，2017.1
ISBN 978-7-5067-8982-0

Ⅰ. ①网… Ⅱ. ①刘… Ⅲ. ①药物 – 基本知识 Ⅳ. ① R97

中国版本图书馆 CIP 数据核字（2017）第 005975 号

美术编辑　陈君杞
版式设计　也　在

出版　中国医药科技出版社
地址　北京市海淀区文慧园北路甲 22 号
邮编　100082
电话　发行：010 – 62227427　　邮购：010 – 62236938
网址　www.cmstp.com
规格　710 × 1000mm $\frac{1}{16}$
印张　8
字数　100 千字
版次　2017 年 1 月第 1 版
印次　2019 年 8 月第 2 次印刷
印刷　三河市腾飞印务有限公司
经销　全国各地新华书店
书号　ISBN 978-7-5067-8982-0
定价　25.00 元

编委会

前　言

　　随着互联网的发展，网上购物已成为趋势，网上购药也正在兴起。网上购药主要是涉及非处方药，它是消费者可不经过医生处方，直接从药房或药店购买的药品，而且是不在医疗专业人员指导下就能安全使用的药品。"大病进医院，小病上药店"，正确购买和运用非处方药可以缓解轻度的症状和不适，治疗轻微的疾病，这已经是大家的共识。互联网的出现让购药更便捷、更省心，网购已必然成为未来发展方向，让大众足不出户就能轻松买到药品。

　　《网上购药指导》一书主要带大众走近网上药店，学会识别合法药店，一起了解药品的基本知识，认识药物剂型，掌握服药时间。重点在指导大众自我对症选购药品，根据不同的症状，正确地选择适合的非处方药。本书以人体系统为支架，共收集了日常生活中常见的 79 种疾病，根据病证收集可供选择药物共 1700 余种，在可供选择的品种中我们挑选出一部分疗效好、使用广泛、价格适宜的药物共 400 余种，作为建议选择。消费者可以优先考虑建议品种，如条件限制可以从可供选择中挑选适合病证的品种。

　　很多消费者以为非处方药就非常安全，生病后不去医院、自己去网上选药就可以了，其实这种做法是错误的。俗话说"是药三分毒"，非处方药虽然是经过医药学专家的严格遴选，并经国家食品药品监督管理部门批准生产销售的，但它们仍然是药品。因此，在使用时同样要十分谨慎，只有经过医生诊断，确定对症的非处方药才可以去网上购买，千万不要乱用药延误病情。为了保障消费者网上购药的利益，一定要使用经过国家食品药品监督管理部门审批的合法网站。正确选用有国家统一标识的非处方药，仔细阅读说明书，了解其适应症、用法用量及不良反应。注意药品的内外包装是否有破损及是否在有效期内。严格按说明书用药，不得擅自超量、超时使用，必要时咨询医生或药师。

　　本书编写的宗旨是帮助读者根据自身症状快捷选出与自身症状相适应的非处方药，使读者更加安全、有效、经济地使用非处方药，提高读者自我治疗的水平。本书介绍了一些较为常见的疾病及相应的非处方药的挑选，但由于书的篇幅有限和互联网的便利，药物的具体说明未在书中详细介绍，建议读者自己在网上细查，不足之处欢迎广大读者批评指正。

编　者

2016 年 11 月

目
MULU
录

走近网上药店

一起了解药品

认识药物剂型

选对服药时间

自我对症选购药品

走近网上药店

（一）网上药店的简介

我国网上药店发展起步较晚。2005 年 9 月 29 日，原国家食品药品监督管理局正式公布的《互联网药品交易服务审批暂行规定》，为我国网上药店的发展提供了政策依据。在我国，开办网上药店必须同时取得互联网药品信息服务资格证书和互联网药品交易服务资格证书，同时网上药店经营内容暂时限制在处方药以外的药品或服务。2005 年 12 月 29 号，北京京卫元华医药科技有限公司率先通过审批和验收，获得互联网药品交易服务资格证书，开办了中国第一家网上药店—药房网。截至 2015 年 6 月底，国家食品药品监督管理总局网站显示，我国获得可以向个人消费者提供药品的企业共有 324 家。

目前，我国网上药店的经营品种主要以非处方药（OTC）、医疗器械等为主；支付方式主要采用货到付款、网银支付、银行或邮局汇款等方式，而支付宝、财付通等第三方支付平台因其方便快捷也越来越受到商家和消费者的青睐；配送方式主要为送货上门、邮政包裹和第三方快递公司送货等；已开展网上售药服务的网上药店均配备了执业药师提供在线咨询服务。

相比实体药店，网上药店具有如下优点：一是品种更全面，为消费者提供了更多选择；二是不受时间和地点的限制，方便偏远地区群众，可及性更强；三是价格相对较为便宜，部分药品便宜 30% 以上；四是有利于保护消费者隐私；五是提供送货上门服务等。

（二）网上药店的识别标志

根据我国有关规定，向个人消费者提供互联网药品交易服务的企业必须是依法设立的药品连锁零售企业，且同时具备互联网药品信息服务资格证和互联网药品交易服务资格证的互联网经营企业，要求在其网站主页显著位置标明互联网药品信息服务资格证书和互联网药品交易服务资格证书号码（图1~图3）。

图1　某网上药店网页截图

图2　某网上药店互联网药品
　　　信息服务资格证书

图3　某网上药店互联网药品
　　　交易服务资格证书

（三）网上药店的执业范围

根据国家有关规定，目前网上药店只能在网上销售本企业经营的非处方药，并开展网上咨询、网上查询、执业药师在线服务、生成订单、电子合同等基本交易服务。不得销售处方药和向其他企业或者医疗机构销售药品。

（四）网上购药方法

1.查找合法的药店

正规网站首页显著位置必须标明互联网药品信息服务资格证书和互联网药品交易服务资格证书号码，消费者可登录国家食品药品监督管理总局网站查询（图4）。

2.选择适合的药品

网上购买非处方药，消费者应根据症状，结合自己掌握的医药知识，对疾病做出明确判断，也可向网站执业药师进行在线咨询，以便准确选择药品。对于无法自我判断的疾病，则应及时到医院就诊。

图 4　国家食品药品监督管理总局
数据查询界面

3.正确支付购买

正规的网上药店支付方式主要采用货到付款、网银支付、银行或邮局汇款，以及支付宝、财付通、微信支付等第三方支付，消费者在网上购药后要妥善保存有关证据，如发票、交易记录、支付凭证等。一旦发现合法权益受到损害，要及时携带相关凭证，拨打12331进行申诉或到当地消费者协会进行投诉。

一起了解药品

（一）药品的基本概念

根据《中华人民共和国药品管理法》（简称《药品管理法》），"药品是指用于预防、治疗、诊断人的疾病，有目的地调节人的生理机能并规定有适应症或者功能主治、用法和用量的物质，包括中药材、中药饮片、中成药、化学原料药及其制剂、抗生素、生化药品、放射性药品、血清、疫苗、血液制品和诊断药品等"。

药品具有两面性，既可以防病治病、造福人类，又有危害人类健康的毒副作用。也就是说药品与毒物之间无明显界限，滥用药品可以给人体造成很大的危害。因此，我们要正确认识药品，科学、合理地使用药品，真正使药品成为人类健康的保护神。

（二）处方药与非处方药的区别

处方药是必须凭执业医师或执业助理医师处方才可调配、购买和使用的药品；非处方药是不需要凭医师处方即可自行判断、购买和使用的药品。处方药英语称 Prescription Drug，Ethical Drug，非处方药英语称 Nonprescription Drug，在国外又称之为"可在柜台上买到的药物"（Over The Counter），简称 OTC。OTC 已成为全球通用的俗称。

处方药和非处方药不是药品本质的属性，而是管理上的界定。无论是处方药，还是非处方药都是经过国家药品监督管理部门批准的，其安全性和有效性是有保障的。其中非处方药主要是用于治疗各种消费者容易自我诊断、自我治疗的常见轻微疾病。非处方药分甲类非处方药和乙类非处方药，其标志分别见图 5、图 6。

图 5　甲类非处方药标志　　　　图 6　乙类非处方药标志

（三）药品的合法标志

合法药品是指具有国家批准的药品生产批准文号，由合法药品生产企业生产的质量合格，包装、标签、说明书符合要求，经合法药品零售企业（药店）销售或在合法医疗机构药房调配、使用的药品。

（四）药品的规范标签

药品的标签是指药品包装上印有或者贴有的内容，分为内标签和外标签。药品内标签指直接接触药品包装的标签，外标签指内标签以外的其他包装的标签。

药品的内标签应当包含药品通用名称、适应症或者功能主治、规格、用法用量、生产日期、产品批号、有效期、生产企业等内容。包装尺寸过小无法全部标明上述内容的，至少应当标注药品通用名称、规格、产品批号、有效期等内容。

药品外标签应当注明药品通用名称、成分、性状、适应症或者功能主治、规格、用法用量、不良反应、禁忌、注意事项、贮藏、生产日期、产品批号、有效期、批准文号、生产企业等内容。适应症或者功能主治、用法

图 7　药品标签样式

用量、不良反应、禁忌、注意事项不能全部注明的，应当标出主要内容并注明"详见说明书"字样（图7）。

（五）药品的说明书

药品说明书应当包含药品安全性、有效性的重要科学数据、结论和信息，用以指导安全、合理使用药品。药品说明书的具体格式、内容和书写要求由国家食品药品监督管理总局制定并发布。

药品说明书对疾病名称、药学专业名词、药品名称、临床检验名称和结果的表述，应当采用国家统一颁布或规范的专用词汇，度量衡单位应当符合国家标准规定。

药品说明书应当列出全部活性成分或者组方中的全部中药药味。注射剂和非处方药还应当列出所用的全部辅料名称。

药品处方中含有可能引起严重不良反应的成分或者辅料的，应当予以说明。

药品说明书应当充分包含药品不良反应信息，详细注明药品不良反应。药品生产企业未根据药品上市后的安全性、有效性情况及时修改说明书，或者未将药品不良反应在说明书中充分说明的，由此引起的不良后果由该生产企业承担。

药品说明书可以帮助患者了解药品的主要成分、适应症、用法用量、不良反应、贮藏条件及注意事项（图8），但如果是处方药，仅仅凭说明书还难以全面了解、正确使用该药品。患者切不可凭借一份药品说明书擅自"对号入座"、乱用药，而必须在医务人员指导下使用。

图 8　药品说明书样式

药品说明书应该包含的内容

1. 药品名称：有时一种药品可以有通用名、商品名。有些不同的药品，名称只差一个字，要注意区分，不要错用。

2. 批准文号、生产批号、有效期或失效期：批准文号是鉴别假药、劣药的重要依据。目前药品批准文号为"国药准字＋字母＋8 位数字"（如国药准字 H20050203）。生产批号表示具体生产日期，有效期或失效期为药品质量可以保证的期限。

3. 药品成分：若是复方制剂则标明主要成分。

4. 适应症或功能主治：化学药品标"适应症"，中药标"功能主治"。它是药品生产厂家在充分的动物药效学实验及临床人体实验的基础上确定的，并经药品监督管理部门审核后才允许刊印，往往包含很多适应症，也有的标明药理作用和用途。

5. 用法用量：如果没有特别说明，一般标明的剂量为成年人的常用剂量，并以药品的含量为单位，若小儿或老人使用须按规定折算使用。

6. 药品不良反应及副作用：药品的其他不良反应也常常包括在这一栏中。

7. 注意事项或禁忌：安全剂量范围小的药品必标此栏，注意事项还包括孕妇、哺乳期、慢性病等特殊患者应注意的内容及其他药品合用的禁忌等。

8. 贮存：若需特殊贮藏条件的药品，则在此栏标明，如避光、冷藏等。

9. 规格：包括药品最小计算单位的含量及每个包装所含药品的数量。

（六）药品的有效期

药品有效期是指该药品被批准的使用期限，表示该药品在规定的贮存条件下能够保证质量的期限。它是控制药品质量的指标之一。

药品标签中的有效期应当按照年、月、日的顺序标注，年份用 4 位数字表示，月、日分别用 2 位数表示。其具体标注格式为"有效期至 ××××年××月"或者"有效期至 ××××年××月××日"；也可以用数字和其他符号表示为"有效期至 ××××.××"或者"有效期至 ××××/××/××"等。例如：某化学药品，有效期 24 个月，生产日期 2014 年 6 月 1 日，标签中有效期可表达为"有效期至 2016 年 5 月 31 日"或者"有效期至 2016 年 5 月"等形式。

预防用生物制品有效期的标注，按照国家食品药品监督管理总局批准的注册标准执行，治疗用生物制品有效期的标注自分装日期计算，其他药品有效期的标注自生产日期计算。

有效期若标注到日，应当为起算日期对应年、月、日的前一天，若标注到月，应当为起算月份对应年、月的前一个月。例如："有效期至 2016 年 7 月"则表示该药品可使用到 2016 年 7 月 31 日。再如："有效期至 2006/07/07"则该药品可使用至 2006 年 7 月 6 日。

认识药物剂型

众所周知，任何原料药物不能直接用于临床，必须制备成具有一定形状和性质的剂型，方能发挥临床疗效，减少不良反应，并便于使用、携带、运输和贮存等。剂型是指药物经加工制成的适合于疾病的诊断、治疗或预防需要的不同给药形式，如散剂、颗粒剂、胶囊剂、片剂、溶液剂、乳剂、混悬剂、注射剂、软膏剂、栓剂、气雾剂等。根据药物的使用目的和药物的性质不同，可制备适宜的不同剂型；不同剂型的给药方式不同，药物在体内的行为也不同。因此，剂型的正确使用，对安全用药、确保药效有着至关重要的作用。

药物的剂型繁多，常用的药物剂型按形态可分为固体剂型（如片剂、胶囊剂、颗粒剂、丸剂、膜剂等）、半固体剂型（如软膏剂、糊剂、凝胶剂等）、液体剂型（如溶液剂、注射液、合剂、洗剂、搽剂等）、气体剂型（如气雾剂、喷雾剂等）。

（一）片剂

片剂是药物与辅料均匀混合后压制而成的片状制剂，可供内服或外用。片剂种类很多，以口服普通片为主，也有含片、舌下片、口腔贴片、咀嚼片、分散片、泡腾片、阴道片、缓释或控释片与肠溶片等。

片剂有其特殊的优点：①剂量准确，片剂内药物含量差异较小。②质量稳定，某些易氧化变质及潮解的药物可包衣加以保护，故光线、空气、水分等对其影响较小。片剂的适用范围广，几乎适用于所有能够口服吸收的药物，是临床常用剂型之一。

下面这几类片剂使用时应特别注意。

1.肠溶衣片

指外面包着一层在胃液中不溶解，只有在肠液中才可溶解的保护衣的片剂，目的是防止药物在胃液中被破坏，并避免药物对胃的刺激性等。如红霉素肠溶片，可减少对胃的刺激。

⚠ 应用肠溶衣片时宜注意：不能将药片掰开、嚼碎或者研成粉末，这样会破坏保护性外衣，导致药物过早释放，一方面可能造成胃黏膜刺激，引发或者加重胃溃疡，另一方面胃液也可能使药物灭活，而无法发挥药物疗效。

2. 咀嚼片

指在口腔中咀嚼或含服使片剂溶化后吞服的片剂，通常加入蔗糖、薄荷油等甜味剂及食用香料调整口味。服用咀嚼片就像在吃不同口味的糖果，有凉爽的口感。药片经嚼碎后由于表面积增大，可促进药物在体内的溶解和吸收，即使在缺水状态下也可以保证按时服药，特别适合老人、小孩、中风患者服用，以及吞服困难和胃肠功能差的患者。咀嚼片常用于维生素类、解热药和治疗胃部疾病的氢氧化铝、硫糖铝、三硅酸镁等制剂。

⚠ 应用咀嚼片时宜注意：①药片在口腔内的咀嚼时间宜充分，一般应咀嚼 5~6 分钟，嚼碎了再咽。如复方氢氧化铝片，嚼碎后进入胃中很快在胃壁上形成一层保护膜，从而减轻胃内容物对胃壁溃疡的刺激。再如酵母片，因其含黏性物质较多，如不嚼碎易在胃内形成黏性团块，从而影响药物的作用。②咀嚼后可用少量温开水送服。③用于中和胃酸时，宜在餐后 1~2 小时服用。

3. 泡腾片

指含有泡腾崩解剂的片剂，泡腾片遇水可产生气体（一般是二氧化碳）而呈泡腾状，使片剂快速崩解和融化。例如阿司匹林泡腾片、维生素 C 泡腾片等。如果不小心将泡腾片口服，会在口腔及胃肠道迅速释放大量气体，刺激黏膜，甚至造成意外。

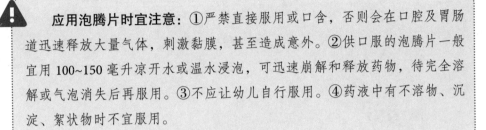

应用泡腾片时宜注意： ①严禁直接服用或口含，否则会在口腔及胃肠道迅速释放大量气体，刺激黏膜，甚至造成意外。②供口服的泡腾片一般宜用100~150毫升凉开水或温水浸泡，可迅速崩解和释放药物，待完全溶解或气泡消失后再服用。③不应让幼儿自行服用。④药液中有不溶物、沉淀、絮状物时不宜服用。

4. 口含片

指含于口腔内缓慢溶解而发挥治疗作用的片剂。口含片多用于口腔及咽喉不适，可在局部产生消炎、杀菌的作用，例如西瓜霜清咽含片、复方草珊瑚含片、西地碘含片（华素片）等。口含片因其优良的口感及方便的服用方法而受到广大患者的欢迎。

应用口含片时宜注意： ①含在嘴里时，不要将它嚼碎，含服的时间越长越好。含片不是口服片，也不是嚼片。使用含片的主要目的是使其在局部产生持久的药效，因此应将含片夹在舌底、龈颊沟或近患处，待其自然溶化分解。如果把含片当口服药吞入，或匆忙嚼碎，则失去了其局部持久产生药效的意义。②含服完，半小时之内尽量不要喝水、吃东西，保持咽喉部位比较高的药物浓度，这样可以更好地发挥药效。

5. 舌下片

系指于舌下能快速溶化，药物经舌下黏膜吸收发挥全身作用的片剂，主要用于急症的治疗，如硝酸甘油舌下片等。

应用舌下片时宜注意： ①给药时宜迅速，含服时把药片放于舌下，因为舌头下面的毛细血管非常丰富，药物吸收快，起效快。例如，用于缓解心绞痛的硝酸甘油舌下片，就需要在舌下含服，让它迅速起效来挽救生命。

②含服时间一般控制在 5 分钟左右，以保证药物充分吸收。③不能用舌头在嘴中移动舌下片以加速其溶解，不要咀嚼或吞咽药物，不要吸烟、进食、嚼口香糖，保持安静，不宜多说话。④含后 30 分钟内不宜吃东西或饮水。

6. 缓 / 控释片

指通过特殊的工艺使得药物缓慢或者按控制好的速度释放而延长作用时间的片剂。与普通速释片比较起来，缓 / 控释片剂具有血药浓度平稳、服用次数少且作用时间长等特点，更适合高血压、高血脂、糖尿病等慢性病患者长期服用，例如降糖药格列齐特缓释片、降压药硝苯地平控释片等。

应用缓 / 控释片时宜注意：①一般情况下，缓 / 控释片剂都需要整片吞服，不能掰开、嚼碎或者研成粉末，否则会破坏剂型，失去缓慢释放或控制释放药物的意义，更有可能导致剂型中的药物突然大量释放，从而增加药物的毒副作用。②对于有特殊说明可以掰开的药物，也一定要沿着药片上事先刻好的刻痕掰开，不能随意掰开。③服用这类剂型的患者有可能会发现一个奇怪的现象，在排出的大便里发现完整的药片。这是因为为达到使药物缓慢释放的目的，一些这类药片在制备的过程中会给药物盖个完整的"房子"（即药物外壳），药物包藏其中，当药物释放吸收完，"房子"会随大便排出，因此不用担心药物没起作用，在大便里看到的只是药物的外壳。

7. 外用片剂

外用片剂系指阴道片和专供配制外用溶液用的压制片。前者直接用于阴道，如甲硝唑阴道泡腾片治疗细菌性阴道炎。外用溶液片指将片剂加一定量的水溶解后，做成一定浓度的溶液后外用。

应用外用片剂时宜注意：千万不能口服，如杀菌用的高锰酸钾外用片，需要一片加500毫升的水配成溶液，然后外用。临床上有报道由于误服高锰酸钾外用片而就诊的患者。高锰酸钾外用片误服后局部药物浓度很高，会对人体产生损害，即使少量也可能对食道、胃黏膜、肠道造成损伤，导致溃疡或者出血，因此外用片剂不能口服。

　　提醒大家千万要注意，不要看到"片剂"字眼就以为是可以吃的药。

（二）丸剂

1. 中药丸剂

　　中药丸剂是药材细粉或药材提取物加适宜黏合剂或辅料，制成的球形或类球形的固体制剂，是中成药最古老的剂型之一。根据黏合剂的不同丸剂又分为蜜丸（大、小蜜丸，水蜜丸）、水丸、糊丸、浓缩丸、微丸等类型。

　　丸剂造型美观、制法简单、载药量大，携带、服用方便，适用范围较广，是中药原粉较理想的剂型。突出的优点是作用缓和持久，不良反应弱，非常有利于治疗慢性疾病和病后调理，这是化学药物和中药汤剂无法比拟的。至今许多著名而效果显著的经典方制剂多为丸剂，如六味地黄丸、杞菊地黄丸、知柏地黄丸、理中丸、逍遥丸等等，深受消费者欢迎，显示了它独特的魅力和深厚的生命力。但丸剂也存在着一些较为突出的缺点，如溶散、崩解缓慢，影响药物溶出与吸收；全粉入药的丸剂存在重金属、农药等有害物质残留的问题。

　　应用中药丸剂时宜注意：①大蜜丸不能整丸吞下，应嚼碎后或分成小粒后再用温开水送服；小颗粒丸剂服用时，只需温开水送服；若水丸质硬者，可用开水溶化后服用。②有时为了增强中成药的治疗效果，部分丸可采用药引送服，如在服用藿香正气丸或附子理中丸治疗胃痛、呕吐等症时，可采用生姜煎汤送服；痛经患者在服用艾附暖宫丸时，可用温热的红糖水送服，以增强药物散寒活血的作用；在服用补中益气丸治疗慢性肠炎时，可用大枣煎汤送服，以增强药物补脾益气的作用；在服用大活络丸治疗中风偏瘫、口眼歪斜时，可用黄酒送服，以增加药物活血通络的功效。

2.滴丸剂

滴丸剂系指药物与适宜的基质加热熔融后滴入不相混溶、互不作用的冷凝液中，由于表面张力的作用使液滴收缩成球状而制成的制剂。滴丸剂具有药物起效迅速、生物利用度高、副作用小等优点，多用于病情急重者，如冠心病、心绞痛、咳嗽、急慢性支气管炎等。滴丸剂主要供口服用，亦可供外用和局部如眼、耳、鼻、直肠、阴道等使用。

应用滴丸剂时宜注意：①服用滴丸时，应仔细看好药物的服法，剂量不能过大。②宜以少量温开水送服，有些可直接含于舌下。③滴丸在保存中不宜受热，否则易软化或熔融。

（三）胶囊剂

系将药物盛装于空胶囊内制成的制剂，主要供内服，可以减少药物的异味，同时药物的崩解速度快，吸收快，如速效感冒胶囊等。胶囊剂可分为：硬胶囊剂、软胶囊剂、肠溶胶囊剂等。

胶囊剂有其特点：①可掩盖药物的苦味、臭味和减小药物的刺激性。②生物利用度高。③可弥补其他固体剂型的不足。④提高药物的稳定性。⑤延缓药物的释放。⑥有利于识别且外表美观。因此胶囊剂也是一种应用广泛的制剂。

1. 硬胶囊剂

系指将一定量的药物及适当的辅料制成均匀的粉末或颗粒，填装于空心硬胶囊中制成的。硬胶囊应用非常广泛。

胶囊壳一般以明胶为主要原料，合格的药用明胶所用的猪皮或牛皮应是未经铬盐鞣制或未经有害金属污染的制革生皮或新鲜皮、冷冻皮。2012年，轰动一时的"毒胶囊事件"，导致老百姓对服用胶囊剂型有一定担忧，引发了诸如"胶囊可以拆开服吗？"之类的疑问。虽然胶囊壳本身没有药效，但发挥着重要作用，包括：①掩盖药物的不良气味，如中药胶囊剂。②避免药物灼伤食道，如米诺环素胶囊。③避免药物对胃的刺激或者保护药物不被胃酸破坏，如肠溶胶囊。④控制药物释放速度、延长药物作用时间，如控 / 缓释胶囊。如果将胶囊拆开服用，可能会降低药效或者增强药物不良刺激，此外也不利于对药物剂量的准确把握。因此通常不宜将胶囊拆开服用。如确实不得已必须拆开服用，应该先咨询医生或者药师等专业人员。"毒胶囊事件"之后，国家相关监管部门对胶囊的监管已经很严格，因此正规药厂生产的胶囊剂型药品还是可以放心服用的。

2. 软胶囊剂

系指将一定量的药物溶于适当辅料中，再用压制法（或滴制法）使之密封于球形或橄榄形的软质胶囊中的胶囊剂。将油类药物封闭于软胶囊内而制成的胶囊剂，又称胶丸剂。用压制法制成的，中间往往有压缝；用滴制法制成的，呈圆球形而无缝。软胶囊剂可以整体吞服，也可以剪开胶囊挤出药物服用，例如维生素 D_3 软胶囊等。

（四）颗粒剂

指将药物与适宜的辅料配合而制成的颗粒状制剂。根据颗粒剂在水中的分散情况和临床应用，分为可溶颗粒（通称为颗粒）、混悬颗粒、泡腾颗粒、肠溶颗粒、缓释颗粒和控释颗粒等。颗粒剂供口服用，是目前应用较广泛的剂型之一。

　　颗粒剂是在汤剂和糖浆剂的基础上发展的新剂型，它既保持了汤剂的特色，又克服了汤剂临时煎煮、容易变质霉败的缺点，又可以掩盖某些药物的苦味，颗粒剂可以直接吞服，也可以冲入水中饮用，应用和携带比较方便，溶出和吸收速度较快，患者服用方便，乐于接受。如抗感解毒颗粒、感冒清热冲剂。主要缺点是容易潮解，对包装方法和材料要求比较高。

（五）栓剂

　　指药物与适宜基质制成的具有一定形状供人体腔道内给药的固体制剂。栓剂在常温下为固体，塞入腔道后，在体温下能迅速软化熔融或溶解于分泌液，逐渐释放药物而产生局部或全身作用，如甘油栓、酮康唑栓。栓剂因放用腔道不同，分为直肠栓、阴道栓和尿道栓。后者现在很少应用。

1. 直肠栓

　　应用直肠栓时宜注意：①栓剂应用前宜将其置入冰水或冰箱中10~20分钟，待其基质变硬再用。因为栓剂基质的硬度易受气候的影响而改变，在夏季，炎热的天气会使栓剂变得松软而不易使用，应使其遇冷变硬后再用。②剥去栓剂外裹的铝箔或聚乙烯膜，在栓剂的顶端蘸少许液状石蜡、凡士林、植物油或润滑油。③使用前尽量排空大小便，并清洗肛门内外，塞入时患者取侧卧位，小腿伸直，大腿向前屈曲，贴着腹部，儿童可趴伏在大人的腿上。④放松肛门，把栓剂的尖端插入肛门，并用手指缓缓推进，深度距肛门口幼儿约2厘米，成人约3厘米，合拢双腿并保持侧卧姿势数分钟，以防栓剂被压出。⑤用药后1~2小时内尽量不解大便（刺激性泻药除外）。因为栓剂在直肠的停留时间越长，吸收越完全。⑥有条件的话，在肛门外塞一点脱脂棉或纸巾，以防基质熔化漏出而污染衣被。

2. 阴道栓

应用阴道栓时宜注意：①洗净双手，除去栓剂外封物。如栓剂太软，则应将其带着外包装放在冰箱的冷冻室或冰水中冷却片刻，使其变硬，然后除去外封物，放在手中捂暖以消除尖状外缘。用清水或水溶性润滑剂涂在栓剂的尖端部。②先清洗阴道内外，清除过多的分泌物。患者仰卧床上，双膝屈起并分开，可利用置入器或戴手套，将栓剂尖端部向阴道口塞入，并用手以向下、向前的方向轻轻推入阴道深处。置入栓剂后患者应合拢双腿，保持仰卧姿势约 20 分钟。③在给药后 1~2 小时内尽量不排尿，以免影响药效。④应于入睡前给药，以便药物充分吸收，并可防止药栓遇热溶解后外流。月经期停用，有过敏史者慎用。

（六）软膏、乳膏剂

软膏剂指药物与适宜基质均匀混合制成的具有一定稠度的半固体外用制剂。常用基质分为油脂性、水溶性和乳剂型基质，其中用乳剂基质制成的易于涂布的软膏剂称乳膏剂，又称霜剂。软膏剂在医疗上主要用于皮肤、黏膜表面，起局部保护与治疗作用。

应用软膏、乳膏剂时宜注意：①涂敷前应将皮肤清洗干净。②对有破损、溃烂、渗出的部位一般不要涂敷。③涂抹部位若有过敏反应的，应立即停药。④部分药物，如尿素，涂后采用封包可显著地提高角质层的含水量，增加药物的吸收，可提高疗效。⑤涂敷后轻轻按摩可提高疗效。⑥不宜涂敷于口腔、眼结膜。

（七）眼膏剂

眼膏剂系指药物与眼膏基质混合制成的半固体的无菌制剂，在眼部保持作用的时间较长，一般适于睡前使用。

 应用眼膏剂时宜注意：①清洁双手，头部后仰，眼往上望，用食指轻轻将下眼睑拉开成一袋状。②挤压眼膏剂尾部，使眼膏成线状溢出，将约1厘米长的眼膏挤进下眼袋内，轻轻按摩2~3分钟以增加疗效，注意不要使眼膏管口直接接触眼球或眼睑。③眨眼数次，使眼膏分布均匀，闭眼休息2分钟。④用脱脂棉擦去眼外多余药膏，盖好管帽。⑤多次开管和使用超过1个月的眼膏不要再使用。

（八）混悬剂、干混悬剂

1. 混悬剂

指将难溶性固体药物以微粒的形式分散在液体分散介质中制成的制剂，大多数混悬剂为液体制剂如布洛芬混悬液。

混悬剂中药物是难溶或不溶的，这就好比一瓶果粒橙饮料，果粒在饮料中并不溶解，所以混悬液并不是澄清的，放久了肯定会产生沉淀。因此，混悬剂投药时需加贴"用前振摇"或"服前摇匀"的标签，每次使用混悬液前，应像摇果粒橙饮料一样将其充分摇匀，以免药物分布不均而影响疗效。

2. 干混悬剂

指将难溶性药物与适宜辅料制成粉状物，加水振摇即可分散成混悬液供口服的制剂，实际上就是混悬剂没加入溶剂。由于液体剂型的混悬剂稳定性差，容易沉淀或者药物降解，而干混悬剂可以有效地解决这个难题。干混悬剂有其优点：既有固体制剂（颗粒）的特点，如方便携带，运输方便，稳定性好等，又有液体制剂的优势，方便服用，适合于吞咽有困难的患者，如儿童、老人。

临床上许多袋装的抗生素（例如，阿莫西林 / 克拉维酸钾干混悬剂、阿奇霉素干混悬剂）就是干混悬剂剂型。将药物制成粉末进行包装，服用和保存都比较方便，服用时用水冲泡就可以了。

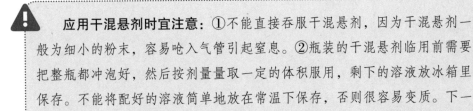

应用干混悬剂时宜注意：①不能直接吞服干混悬剂，因为干混悬剂一般为细小的粉末，容易呛入气管引起窒息。②瓶装的干混悬剂临用前需要把整瓶都冲泡好，然后按剂量量取一定的体积服用，剩下的溶液放冰箱里保存。不能将配好的溶液简单地放在常温下保存，否则很容易变质。下一次使用前，要将其摇匀。③为了保证服用的剂量精确，每次服用前都要摇匀且用药的量管进行取药。

（九）含漱剂

系指用于咽喉、口腔清洗的液体制剂，起到清洗、去臭、防腐、收敛和消炎的作用。一般用药物的水溶液，也可含少量甘油和乙醇。溶液中常加适量着色剂，以示外用漱口，不可咽下。

应用含漱剂时宜注意：①含漱剂中的成分多为消毒防腐药，含漱时不宜咽下或吞下。②对幼儿、恶心、呕吐者暂时不宜含漱。③按说明书的要求稀释浓溶液。④含漱后不宜马上饮水和进食，以保持口腔内药物浓度。

（十）滴眼剂

指药物制成供滴眼用的澄明溶液或混悬液，用以防治或诊断眼部疾病，对眼部具有杀菌、消炎、扩瞳、缩瞳、麻醉等作用。滴眼剂以水溶液为主，有少量水性混悬液或油溶液。

使用滴眼剂步骤：①清洁双手，将头部后仰，眼向上望，用食指轻轻将下眼睑拉开成钩袋状。②将药液从眼角侧滴入眼袋内，一次滴1~2滴。滴药时应距眼睑2~3厘米，勿使滴管口触及眼睑或睫毛，以免污染。③滴后轻轻闭眼1~2分钟；用药棉或纸巾擦拭流溢在眼外的药液。④用手指轻轻按压眼内眦，以防药液分流降低眼内局部药物浓度及药液经鼻泪管流入鼻腔而引起不适。

! **应用滴眼剂宜注意：**①若同时使用2种药液，需间隔10分钟。②若滴入阿托品、毛果芸香碱等有毒性的药液，滴后应用棉球压迫泪囊区2~3分钟，以免药液经泪道流入泪囊和鼻腔，经黏膜吸收后引起中毒反应。③一般先滴右眼后滴左眼，以免用错药，如左眼病较轻，应先左后右，以免交叉感染；角膜有溃疡或眼部有外伤、眼球手术后，滴药后不可压迫眼球，也不可拉高上眼睑，最好使用一次性滴眼剂。④若眼内分泌物过多，应先清理分泌物。⑤滴眼剂不宜多次打开使用，连续应用1个月不应再用，如药液出现混浊或变色时，不能再用。⑥白天宜用滴眼剂滴眼，反复多次，临睡前应用眼膏剂涂敷，这样附着眼壁时间长，利于保持夜间的局部药物浓度。

（十一）滴耳剂

系指滴入耳道内的液体药物制剂，一般以水、乙醇、甘油、丙二醇、聚乙二醇等为溶剂，对耳道起清洁、消炎、收敛等作用，主要用于耳道感染或疾患，是耳鼻喉科常用的外用药物之一。滴耳剂有着起效快、局部浓度高、用药剂量小、使用方便等优点。

! **应用滴耳剂宜注意：**①将滴耳剂的温度捂热以接近体温并将其摇匀后再使用。②患者卧于床上或坐在椅子上，头向一侧偏斜，患耳朝上，抓住

耳垂轻轻拉向后上方使耳道变直后再滴药，一般一次滴入 5~10 滴，一日 2 次，或参阅药品说明书的剂量。③滴入后休息 5 分钟，更换另耳。④滴耳后用少许药棉塞住耳道。⑤注意观察滴耳后是否有刺痛或烧灼感。⑥连续用药 3 日患耳仍然疼痛，应停止用药，并向医生或药师咨询。⑦如果耳聋或耳道不通，不宜应用；耳膜穿孔者也不要使用滴耳剂。

（十二）滴鼻剂

系指专供滴入鼻腔内使用的液体制剂，分为溶液型、混悬型和乳浊型三种。比较常用的如盐酸麻黄素滴鼻剂、复方泼尼松龙滴鼻剂等。

应用滴鼻剂时宜注意：①患者在使用滴鼻剂时，首先要将鼻腔内的分泌物擤净，滴鼻前先呼气。②头部向后仰依靠椅背，或仰卧于床上，肩部放一枕头，使头部后仰。③对准鼻孔滴药，滴管不要接触到鼻黏膜，以免污染药液。④滴后保持仰位 3~5 分钟，后坐直。⑤如滴鼻液流入口腔，可将其吐出。⑥过度频繁或延长使用时间可引起鼻塞症状的反复。连续用药 3 日以上，症状未缓解应向执业医师咨询。⑦如果需同时使用两种以上滴鼻剂时，使用两药的时间应间隔 3 分钟以上；如同时使用能使鼻黏膜血管收缩的滴鼻剂和消炎的滴鼻剂，应先用前者，后用后者。⑧使用含剧毒药的滴鼻剂特别注意不得过量。

（十三）气雾剂、吸入粉雾剂

1. 气雾剂

系指气体、液体、固体分散于气体介质中所制成的制剂，是药物与适宜的抛射剂装于具有特制阀门系统的耐压严封容器中制成的制剂，使用时借助抛射剂的压力将内容物呈雾状喷出，用于肺部吸入或直接喷至腔道黏膜、皮肤及空间消毒。

气雾剂有其优点：①能使药物直接到达作用部位或吸收部位，分布均匀，奏效快。能起到减少剂量、降低不良反应的效果。②不易直接与空气中的氧或水分接触，不易被微生物污染。③可避免胃肠道不良反应，可减少对创面的刺激性。④使用方便，无需饮水，一揿（吸）即可，老少皆宜，有助于提高患者的用药顺应性，尤其适用于 OTC 药物。⑤可用定量阀门准确控制剂量。

与气雾剂类似的剂型有喷雾剂和粉雾剂，但这两者均不含抛射剂，粉雾剂由患者主动吸入或借助适宜装置喷出，而喷雾剂是借助手动机械泵等将药物喷出。

使用气雾剂时，宜按下列步骤进行：①尽量将痰液咳出，口腔内的食物咽下。②用前将气雾剂摇匀。③将双唇紧贴近喷嘴，头稍微后倾，缓缓呼气尽量让肺部的气体排尽。④于深呼吸的同时揿压气雾剂阀门，使舌头向下；准确掌握剂量，明确 1 次给药揿压几下。⑤屏住呼吸 10~15 秒，后用鼻子呼气。⑥用温水清洗口腔或用 0.9% 氯化钠溶液漱口，喷雾后及时擦洗喷嘴。

2. 吸入粉雾剂

指微粉化药物或与载体以胶囊、泡囊或多剂量贮库形式，采用特制的干粉吸入装置，由患者主动吸入雾化药物至肺部的制剂，包括都保类、准纳器和吸乐等。

常用都保类药物：如福莫特罗粉吸入剂、布地奈德福莫特罗粉吸入剂、布地奈德粉吸入剂。

常用准纳器：如沙美特罗替卡松粉吸入剂，为多剂量型。

常用吸乐：如噻托溴铵粉吸入剂，属于单剂量吸入器。

都保装置的使用方法为：①旋松保护瓶盖并拔出，充分振摇，使其混匀；握住瓶身，使旋柄在下方，垂直竖立，将底座旋柄朝某一方向尽量拧到底，然后再转回到原来位置，当听到"咔嗒"一声时，表明1次剂量的药粉已经装好。②轻轻地呼气直到不再有空气可以从肺内呼出，请勿对喷嘴呼气。③将喷嘴放在齿间，用双唇包住吸嘴，用力深吸气。④缓慢呼气，最后用温水漱口，保持口腔清洁。定期用干纸巾擦拭吸嘴的外部。

准纳器的使用方法为：①一手握住外壳，另一手的大拇指放在拇指柄上，向外推动拇指直至完全打开（指示窗一面朝上）。②握住准纳器，使吸嘴对向自己。向外推滑动杆直至发出"咔嗒"声，表明准纳器已做好吸药准备。尽量呼气，但请勿将气呼入准纳器中。③将吸嘴放入口中，从准纳器中深深地平稳地吸入药物，切勿从鼻吸入。然后将准纳器从口中拿出，继续屏气约10秒关闭准纳器。关闭准纳器时，将拇指放在手柄上，往后拉手柄，发出"咔嗒"声表示准纳器已关闭，滑动杆自动复位，准纳器又可用于下次吸药时使用。④缓慢呼气，最后用温水漱口，保持口腔清洁。⑤如需吸入第2剂药物，须关上准纳器，1分钟后重复上述步骤。

吸乐的使用方法：①向上拉打开防尘帽，然后打开吸嘴。②取出一粒胶囊，将其放入中央室中。③用力合上吸嘴直至听到"咔嗒"一声，保持防尘帽敞开。④手持吸乐装置，吸嘴向上，将绿色刺孔按钮完全按下一次，然后松开，在胶囊上刺出许多小孔，以便在吸气时释放药物。⑤先做一次深呼吸，再完全呼气（注意：避免呼气到吸嘴中）。⑥举起吸乐装置放到嘴上，用嘴唇紧紧含住吸嘴，保持头部垂直，缓慢地深吸气，其速率应足以能听到胶囊振动。吸气到肺部全充满时，尽可能长时间地屏住呼吸，同时从嘴中取出吸乐装置。重新开始正常呼吸。重复第5和第6步，将胶囊中的药物完全吸出。⑦再次打开吸嘴，倒出用过的胶囊并弃之。关闭吸嘴和防尘帽，保存装置。⑧每月清洁一次吸乐装置：打开防尘帽和吸嘴，然后向上推起刺孔按钮打开基托，用温水全面淋洗吸入器以除去粉末，将吸乐装置置纸巾上吸去水分，之后保持防尘帽、吸嘴和基托敞开，置空气中晾干，需24小时。

选对服药时间

大量研究表明：不同的药物在不同的时间服用，效果、药效都有不同，即使是同一种药物、同一剂量，在一天中的不同时间服用，其疗效和毒性有可能相差几倍，甚至几十倍。选择合适的时间服用某种药物，有时不仅能提高疗效，还会降低药物的副作用。不同的药在不同的时间服用效果、药效都有不同。因此，如何掌握好服药的最佳时间，对发挥药效的作用很重要。

现将常见药物最佳使用时间归纳如下，供用药时参考。

（一）宜清晨空腹服用的药物

1. 长效降压药

如氨氯地平、依那普利、贝那普利、拉西地平、氯沙坦、缬沙坦、索他洛尔、复方降压片等。由于血压在早晨和下午各出现一次高峰，为有效控制血压，每日仅服 1 次的长效降压药多在早上 7~8 点服用，每日服用 2 次的宜在下午 4 时再补充一次。

2. 肾上腺素皮质激素

如泼尼松、泼尼松龙、倍他米松、地塞米松等，因为人体内的分泌呈昼夜节律性变化，分泌的峰值在早晨 7~8 时，此时服用可避免药品对激素分泌的反射抑制作用，对下丘脑 - 垂体 - 肾上腺皮质的抑制较轻，可减少不良反应。小剂量短程抗炎用药不在此限。

3. 抗抑郁药

如氟西汀、帕罗西汀、瑞波西汀、氟伏沙明等。抑郁的症状如忧郁、焦虑、猜疑等常表现晨重晚轻。

4. 驱虫药

如驱蛔灵、左旋咪唑等宜空腹晨服，以迅速进入肠道，减少人体对药的吸收，保持高浓度，同时增加药物与虫体的直接接触，增强疗效。也可以晚上睡前空腹服用。

5. 盐类泻药

如硫酸镁、硫酸钠等，晨服可迅速在肠道发挥作用，服后 4~5 小时致泻。

6. 免疫抑制剂

如青霉胺等。晨服可减少食物对其吸收。

（二）宜餐前 30~60 分钟服用的药物

适合饭前服用的药物：一部分药物必须餐前空腹时服用，以利于减少或延缓食物对药物吸收和药理作用的影响，提高药物的安全稳定性，发挥药物的最佳功效。

1. 降血糖药

如甲苯磺丁脲、格列本脲、格列吡嗪、格列喹酮等，小剂量在餐前服用疗效高，血浆达峰浓度时间比餐中服用短。

2. 抗生素

如头孢拉定、头孢克洛、氨苄西林、阿莫西林、阿奇霉素、异烟肼、利福平等，吸收受食物影响，空腹服用生物利用度高，吸收迅速。

3. 胃黏膜保护药

如氢氧化铝或复方制剂、复方三硅酸镁、复方铝酸铋等，餐前吃可充分地附着于胃壁，形成一层保护屏障。

4. 促进胃动力药

如甲氧氯普胺、多潘立酮、莫沙必利等，宜于餐前服，以利于促进胃蠕动和食物向下排空帮助消化。

5. 止泻药

如鞣酸蛋白、药用碳等。餐前服，可迅速通过胃进入小肠，遇碱性小肠液而分解出鞣酸，使蛋白凝固，起到收敛和止泻作用。药用炭饭前服，胃内食物少，便于发挥吸附胃肠道有害物质及气体的作用。

6. 滋补药

如人参、鹿茸等及其他一些对胃无刺激性的滋补药等，于餐前服用吸收快。

7. 肠溶片剂和丸剂

餐前服用，使药物较快较多通过胃，进入肠道发挥作用。

8. 胃肠解痉药

如阿托品及其合成代用品、止吐药（如硫乙拉嗪）、内服局麻药（如苯佐卡因）、抗酸药（如碳酸氢钠），能使药品有效浓度高，发挥作用快。

9. 活菌制剂

如双歧杆菌、蜡样芽孢杆菌等，因活菌不耐酸，宜餐前 30 分钟服用，以避免就餐时刺激胃酸的分泌使酸性增加而灭活菌体，也不宜与抗菌药物同服。

10. 其他

利胆药（如小剂量硫酸镁、胆盐）、胆道抗感染药（如磺胺脒）、驱虫药（如甲紫）等，使药品通过胃时不至于过分稀释。

（三）宜餐时服用的药物

1. 助消化药

如乳酶生、酵母、胰酶、淀粉酶等，宜在餐中服用，既能与食物在一起以发挥酶的助消化作用，又可避免被胃液中的酸破坏。

2. 降糖药

如二甲双胍、阿卡波糖、伏格列波糖、格列美脲等，与食物同服可减少对胃肠道的刺激，能更好地发挥药效。

3. 抗真菌药

如灰黄霉素等，灰黄霉素难溶于水，与脂肪餐同服后，可促进胆汁分泌，促使微粒型粉末溶解，便于吸收，提高药物生物利用度。

4. 非甾体抗炎药

如舒林酸与食物同服，可使镇痛作用更持久；吡罗昔康、依索昔康、氯诺昔康、美洛昔康、奥沙普嗪等与食物同服，可减少胃黏膜出血。

5. 治疗胆结石和胆囊炎药

如熊去氧胆酸等，于早、晚进餐时服用，可减少胆汁胆固醇的分泌，有利于结石中胆固醇的溶解。

（四）宜餐后 15~30 分钟服用的药物

大多数药物，如饮食对药物吸收等影响不大，饭前饭后服用均可。但对于那些对胃肠道有刺激性的药物，或饭后服用可以增加药物吸收的药物，这些药物可在饭后服用。

1. 非甾体镇痛抗炎药

包括阿司匹林、对乙酰氨基酚、吲哚美辛、布洛芬等，为减少对胃肠的刺激，大多数应于餐后服。

2. 维生素

维生素 B_2 伴随食物缓慢进入小肠，饭后口服吸收较完全；脂溶性药物如维生素 A、维生素 D、维生素 E、维生素 K 等在食用油性食物后服用，更利于吸收。

3. 铁剂

铁主要在十二指肠被吸收，由于食物能减慢胃肠蠕动，延长铁剂在十二指肠段的停留时间，铁剂在饭后 30 分钟服为最好，这样不仅可使铁吸收量增加，而且可大大减少铁剂对胃肠道的刺激。

4. 抗酸药

在饭后胃酸分泌量最大时服，可使溃疡面少受刺激，有利修复；且抗酸作用与胃内充盈度有关，当胃内容物将近排空或完全排空后，抗酸药才能充分发挥抗酸作用。故抗酸药应在餐后 1~1.5 小时后或晚上临睡前服用，可达较好抗酸效果。

（五）宜睡前服用的药物

1. 催眠药

各种催眠药的起效时间有快、慢之分，水合氯醛、咪达唑仑、司可巴比妥、艾司唑仑、异戊巴比妥、地西泮、硝西泮、苯巴比妥，分别约在服后 10 分钟、15 分钟、20 分钟、25 分钟、30 分钟、45 分钟、60 分钟起效，失眠者可择时选用，服后安然入睡。

2. 平喘药

如沙丁胺醇、氨茶碱、二羟丙茶碱等，由于哮喘多在凌晨发生，临睡前服用沙丁胺醇、氨茶碱、二羟丙茶碱，止喘效果更好。

3. 降血脂药

如洛伐他汀、辛伐他汀、普伐他汀、氟伐他汀等，提倡睡前服用。因为肝脏合成脂肪的峰期多在夜间，晚上服用有助于提高疗效。

4. 抗过敏药

如苯海拉明、异丙嗪、氯苯那敏、特非那定、赛庚啶、酮替芬等，服后易出现嗜睡、困乏和注意力不集中，睡前服用较安全并有助于睡眠。

5. 缓泻药

如酚酞、比沙可啶、液状石蜡等，服后约 12 小时排便，于次日晨起泻下。

6. 钙剂

以清晨和睡前服为佳，以减少食物对钙吸收的影响；若选用含钙量高的钙尔奇 D，则宜睡前服，因为人血钙水平在后半夜及清晨最低，睡前服可使钙得到更好的利用。

（六）不宜用热水送服的药物

1. 助消化药

如胃酶合剂、胰蛋白酶、淀粉酶、多酶片、乳酶生、酵母片、双歧杆菌、蜡样芽孢杆菌等，此类药物多为酶、活性蛋白质或益生细菌，受热后即凝固变性而失去作用，达不到助消化的目的。

2. 维生素类药

如维生素 C、维生素 B_1、维生素 B_2，因部分维生素类药物性质不稳定，受热后易还原破坏而失去药效。

3. 止咳糖浆类

此类糖浆为复方制剂，若用热水冲服，会稀释糖浆，降低黏稠度，不能在呼吸道形成保护性"薄膜"而影响疗效。

4. 抗菌药物

很多抗菌药物对热不稳定，最好不用热水冲服。

（七）服用后宜多喝水的药物

1. 平喘药

如茶碱或茶碱控释片、氨茶碱、二羟基茶碱等，由于其可提高肾血流量，具有利尿作用，使尿量增多易导致脱水，同时哮喘者又往往伴血容量较低，因此服用后宜多喝开水以适当补充体液。

2. 利胆药

如苯丙醇、曲匹布通、羟甲香豆素、去氢胆酸和熊去氧胆酸等。由于利胆药能促进胆汁分泌和排出，机械地冲洗胆道，有助于胆道内的泥沙样结石和少量结石排出，但有些利胆药可引起胆汁的过度分泌和腹泻，因此宜尽量多喝水，以免腹泻和脱水。

3. 抗尿结石药

如排石汤、排石冲剂、消石素等，多喝水可冲洗尿道、稀释尿液并降低尿中盐类的浓度，以减少尿盐沉淀的机会。

4. 抗痛风药

如苯溴马隆、丙磺舒、别嘌醇等。应用排尿酸药治疗痛风时应注意多喝水，使每日尿量达 2000 毫升以上，同时碱化尿液，使 pH 保持在 6 以上，防止尿酸在排出过程中在泌尿道形成结石。

5.双磷酸盐

如阿仑膦酸钠、帕曲膦酸钠、氯曲膦酸钠等。双磷酸盐在治疗高钙血症时，可致电解质紊乱和水丢失，故应注意补充体液，使每日尿量达 2000 毫升以上。

6.电解质

如口服补液盐（ORS）等，多喝水（至少 1000 毫升）可补充钠、钾离子及体液，调节体内水及电解质平衡，防止急性腹泻或大量水分丢失所致的体内脱水。

7.抗感染药物

如磺胺类药（磺胺嘧啶、磺胺甲恶唑）、氨基糖苷类（链霉素、庆大霉素、阿米卡星、奈替米星）等。因磺胺类药主要经肾排泄，易形成结晶使尿路刺激和阻塞。若大量饮水，碱化尿液，可使结晶溶解而排出。此外，氨基糖苷类抗生素对肾的毒性大，浓度越高对肾小管的损害越大，故宜多喝水以稀释并加速药物排泄。

（八）不宜与乳制品或食物同服的药物

抗感染药：如诺氟沙星、氧氟沙星、左氧氟沙星、头孢拉定、头孢克洛、氨苄西林、阿莫西林、阿奇霉素、红霉素、克拉霉素等。抗感染药若与牛乳或奶酪合用，会降低血浆药物浓度，比白开水送服的浓度至少减少 50%。

自我对症选购药品

（一）头颈部病证

头　痛

　　头痛是临床常见的症状，通常将局限于头颅上半部，包括眉弓、耳轮上缘和枕外隆突连线以上部位的疼痛统称头痛。头痛病因繁多，神经痛、颅内感染、颅内占位病变、脑血管疾病、颅外头面部疾病以及全身疾病如急性感染、中毒等均可导致头痛。发病年龄常见于青年、中年和老年。头痛的发生率仅次于感冒。

主要表现

　　头痛程度有轻有重，疼痛时间有长有短。疼痛形式多种多样，常见胀痛、闷痛、撕裂样痛、电击样疼痛、针刺样痛，部分伴有血管搏动感及头部紧箍感，以及恶心、呕吐、头晕等症状。继发性头痛还可伴有其他系统性疾病症状或体征，如感染性疾病常伴有发热，血管病变常伴偏瘫、失语等神经功能缺损症状等。头痛依据程度产生不同危害，病情严重可使患者丧失生活和工作能力。

　　对于头痛的治疗，首先积极预防和治疗各种原发病。对症治疗可以根据病情顿服或短期服用各种解热镇痛剂，对于焦虑烦躁者可适当使用镇静剂或安定剂。

✅ 可选品种

【西药】阿司匹林维 C 肠溶胶囊（片）、阿司匹林维 C 泡腾片、复方阿司匹林双层片、阿司匹林咀嚼片、对乙酰氨基酚片（咀嚼片、缓释片、泡腾片、分散片、胶囊、干混悬剂、凝胶、口服液、丸、糖浆、颗粒）、复方对乙酰氨基酚片、复方对乙酰氨基酚片（Ⅱ）、阿苯片、阿苯糖丸、牛磺酸片（散、颗粒、胶囊）、贝诺酯片（颗粒、散）、小儿贝诺酯散、贝诺酯 B_1 颗粒、小儿复方贝诺酯咀嚼片、布洛芬片（胶囊、缓释片、缓释胶囊、颗粒、泡腾片）、阿酚咖敏片、小儿氨酚匹林咖啡因片、小儿氨酚匹林片。

【中成药】芎菊上清丸（片、颗粒）、黄连上清丸（片）、川芎茶调丸（口服液、片、颗粒、散）、六经头痛片、天麻头痛片、天舒胶囊、宁神灵冲剂、地丁三味汤散、参德力糖浆、天麻头风灵胶囊、通天口服液、正天丸（胶囊）、养血清脑颗粒、鲜天麻胶囊、天麻醒脑胶囊、十一味甘露丸、芎芷止痛颗粒。

【外用】四季平安油、金龙驱风油。

👍 建议选择

【西药】阿司匹林维 C 肠溶胶囊（片）、阿司匹林维 C 泡腾片、复方阿司匹林双层片、阿司匹林咀嚼片、对乙酰氨基酚片（咀嚼片、缓释片、泡腾片、分散片、胶囊、干混悬剂、凝胶、口服液、丸、糖浆、颗粒）、复方对乙酰氨基酚片、复方对乙酰氨基酚片（Ⅱ）、布洛芬片（胶囊、缓释片、缓释胶囊、颗粒、泡腾片）。

偏头痛

偏头痛是临床常见的原发性头痛，偏头痛是一种常见的慢性神经血管性疾患，患病率为 5%~10%。

主要表现

　　头痛发生在头部一侧或两侧，以发作性中重度、搏动样头痛为主要表现，一般持续 4~72 小时，可伴有恶心、呕吐，光、声刺激或日常活动均可加重头痛，安静环境、休息可缓解头痛。偏头痛的症状因人而异，但作为疼痛的前兆，多出现各种各样的其他症状，例如，眼睛发干、眼前发暗、耳鸣、头晕等等。

✔ **可选品种**

　　【西药】布洛芬缓释胶囊（缓释片、泡腾片）、阿司匹林肠溶片（肠溶胶囊）、对乙酰氨基酚片（咀嚼片、缓释片、泡腾片、分散片、胶囊、干混悬剂、凝胶、口服液、丸、糖浆、颗粒）、天麻素片。

👍 **建议选择**

　　【西药】布洛芬缓释胶囊（缓释片、泡腾片）、阿司匹林肠溶片（肠溶胶囊）、对乙酰氨基酚片（咀嚼片、缓释片、泡腾片、分散片、胶囊、干混悬剂、凝胶、口服液、丸、糖浆、颗粒）、天麻素片。

脱　发

　　脱发是指头发脱落的现象。正常脱落的头发都是处于退行期及休止期的毛发，由于进入退行期与新进入生长期的毛发不断处于动态平衡，故能维持正常数量的头发。病理性脱发是指头发异常或过度的脱落，其原因很多。

主要表现

神经性脱发，指精神压力过大时常常出现脱发增多。内分泌脱发，毛发生长受多种内分泌激素的影响，所以当发生内分泌异常时多引起脱发疾病，如产后、更年期脱发。

营养性脱发，在机体营养不良和新陈代谢异常时可引起发质和发色的改变，严重营养不良甚至导致弥漫性脱发。

物理性脱发，常见的引起脱发的物理性因素包括机械性刺激和接触放射性物质。

化学性脱发，化学因素可以导致毛发颜色改变甚至脱发。病理性脱发，某些系统性或局部疾病都可伴发脱发。

先天性脱发，发育缺陷所引起的头发完全缺失或稀疏，常见患者头发稀疏细小，或出生时头发正常，不久就脱落不再生。

季节性脱发，一般夏季容易脱发，因为夏天温度高毛孔扩张导致脱发，秋冬之际不易脱发，因为这时期温度下降毛孔闭合。

✅ 可选品种

【中成药】固肾生发丸、黑首生发颗粒、活力苏口服液、金樱首乌汁、六君生发胶囊、荣发胶囊、参蛤胶囊、生发丸、首乌补肾酒、养血荣发颗粒、养血生发胶囊、止脱生发散。

【外用药】复方间苯二酚乳膏、复方斯亚旦生发酊。

👍 建议选择

【中成药】固肾生发丸、黑首生发颗粒、活力苏口服液、金樱首乌汁、六君生发胶囊、荣发胶囊、参蛤胶囊、生发丸、首乌补肾酒、养血荣发颗粒、养血生发胶囊、止脱生发散。

【外用药】复方间苯二酚乳膏、复方斯亚旦生发酊。

白发症

毛发全部或部分变白称白发。临床上可分为先天性全身性白发病、老年性白发、青少年白发病。

主要表现

先天性全身性白发病与白化病伴发，全身毛发呈灰白色，皮肤及虹膜均缺乏色素。先天性局限性白发病多有家族史，系在身体某部分有一处或数处局限性白发区，有时眉毛及睫毛部分变白。如毛发呈环状色素脱失者，称为环状白发病。

老年性白发是衰老的一种表现，一般在 40 岁以后，多起于两鬓，逐渐各部毛发即可变白。

青少年白发病常见于青少年，亦称早老性白发病。最初头发有稀疏散在少数白发，以后可逐渐或突然增多。骤然发生者可能与营养障碍有关。

各型白发病，一般除白发外无其他不适。

✅ 可选品种

【中成药】金樱首乌汁、首乌补肾酒、乌发丸。

👍 建议选择

【中成药】金樱首乌汁、首乌补肾酒、乌发丸。

三叉神经痛

三叉神经痛是一种发生在面部三叉神经分布区内反复发作的阵发性剧烈神经痛，三叉神经痛是神经外科、神经内科常见病之一。

主要表现

本病多发于 40 岁以上的中年人，女性略高于男性，多一侧面部反复发作性短暂的疼痛。每次持续数秒至 1~2 分钟。疼痛呈刀割样、电击样、针刺样或撕裂样剧痛，常固定于三叉神经某一分支区，以第二、三支多见。疼痛以面颊、口角、鼻翼、舌部为敏感区，轻触即可诱发，好似"触发点"或"叩击点"以致患者精神抑郁，面色憔悴，面部及口腔不洁。严重者可出现发射性面肌抽搐，口角拉向患侧，称痛性抽搐，并可伴有流泪、流涕、面部潮红、结膜充血等。

可选品种

【西药】阿司匹林维 C 肠溶胶囊（片、泡腾片）、对乙酰氨基酚片（咀嚼片、缓释片、泡腾片、分散片、胶囊、干混悬剂、凝胶、口服液、丸、糖浆、颗粒）、复方对乙酰氨基酚片、复方对乙酰氨基酚片（Ⅱ）、贝诺酯片（颗粒、散）、布洛芬片（胶囊、缓释片、缓释胶囊、颗粒、泡腾片）、铝镁司片、萘普生片（胶囊）、天麻素片。

【外用】复方辣椒碱乳膏、复方水杨酸甲酯薄荷脑油。

建议选择

【西药】阿司匹林维 C 肠溶胶囊（片、泡腾片）、对乙酰氨基酚片（咀嚼片、缓释片、泡腾片、分散片、胶囊、干混悬剂、凝胶、口服液、丸、糖浆、颗粒）、复方对乙酰氨基酚片、复方对乙酰氨基酚片（Ⅱ）、贝诺酯片（颗粒、分散片、散）、布洛芬片（胶囊、缓释片、缓释胶囊、颗粒、泡腾片）、铝镁司片、萘普生片（胶囊）、天麻素片。

【外用】复方辣椒碱乳膏、复方水杨酸甲酯薄荷脑油。

（二）眼部病证

急性结膜炎

急性结膜炎是由细菌感染引起的常见的急性流行性眼病。

主要表现

　　主要特征为结膜明显充血，有脓性或黏液脓性分泌物，通常为自限性疾病。自觉症状常有眼部发烫、烧灼感、畏光，异物感像进入沙子般地滚痛难忍，紧接着眼皮红肿、眼眵多、怕光、流泪，早晨起床时，眼皮常被分泌物粘住，不易睁开。

　　体征常有：结膜充血和水肿，结膜上出现小出血点或出血斑，分泌物呈黏液脓性，有时在睑结膜表面形成一层灰白色假膜，角膜边缘可有灰白色浸润点，严重的可伴有头痛、发热、疲劳、耳前淋巴结肿大等全身症状。

✓ 可选品种

　　【外用】氯霉素滴眼液、红霉素眼膏、四环素醋酸可的松眼膏、杆菌肽眼膏、盐酸金霉素眼膏、硫酸庆大霉素滴眼液、牛磺酸滴眼液、熊胆眼药水、白敬宇眼药。

👍 **建议选择**

【外用】氯霉素滴眼液、红霉素眼膏、四环素醋酸可的松眼膏、杆菌肽眼膏、盐酸金霉素眼膏、硫酸庆大霉素滴眼液、牛磺酸滴眼液。

沙 眼

沙眼是由沙眼衣原体感染所致的一种慢性传染性结膜角膜炎，是导致眼盲的主要疾病之一。

主要表现

临床表现多为急性发病，患者有异物感，畏光，流泪，较多黏液或黏液脓性分泌物。数周后急性症状消退，进入慢性期，此时可无任何不适或仅觉眼易疲劳，如于此时治愈或自愈，可不留瘢痕。但在慢性病程中，于流行地区常有重复感染，病情加重。角膜上有活动性血管翳时，刺激症状变为显著，视力减退。晚期常因后遗症，如睑内翻、倒睫、角膜溃疡及眼球干燥等，症状更为明显，并严重影响视力，甚至失明。

✅ **可选品种**

【外用】磺胺醋酰钠滴眼液、红霉素眼膏、酞丁安滴眼液、氯霉素滴眼液。

👍 **建议选择**

【外用】磺胺醋酰钠滴眼液、红霉素眼膏、酞丁安滴眼液、氯霉素滴眼液。

白内障

凡是各种原因如老化、遗传、局部营养障碍、免疫与代谢异常、外伤、中毒、辐射等，都能引起晶状体代谢紊乱，导致晶状体蛋白质变性而发生混浊，称为白内障。

主要表现

单或双侧性，两眼发病可有先后，视力进行性减退，由于晶体皮质混浊导致晶状体不同部位屈光力不同，可有眩光感，或单眼复视，近视度数增加。

✔ 可选品种

【中成药】杞菊地黄丸、拨云复光散、拨云退翳丸、明目地黄丸、石斛夜光丸、明目蒺藜丸。

【外用】拨云眼膏、障眼明片、退障眼膏、麝珠明目滴眼液、熊胆眼药水。

👍 建议选择

【中成药】杞菊地黄丸、拨云复光散、拨云退翳丸、明目地黄丸、石斛夜光丸、明目蒺藜丸。

【外用】拨云眼膏、障眼明片、退障眼膏、麝珠明目滴眼液、熊胆眼药水。

干眼症

干眼症指任何原因造成的泪液质或量异常或动力学异常，导致泪膜稳定性下降，并伴有眼部不适和（或）眼表组织病变特征的多种疾病的总称。

主要表现

常见的症状是眼部干涩和异物感，其他症状有烧灼感、痒感、畏光、充血、痛、视物模糊易疲劳、黏丝状分泌物等。

可选品种

【外用】氯化钠滴眼液、复方硫酸软骨素滴眼液。

建议选择

【外用】氯化钠滴眼液、复方硫酸软骨素滴眼液。

睑腺炎

睑腺炎是睫毛毛囊附近的皮脂腺或睑板腺的急性炎症。

主要表现

多为单眼发生，眼睛灼热感、眼睑周围红肿发痒。眼睫毛的根部出现鳞片。脂溢型眼睑炎的鳞片是黄色的油腻物。

可选品种

【外用】氯霉素滴眼液、红霉素眼膏、杆菌肽眼膏、盐酸金霉素眼膏、硫酸庆大霉素滴眼液、清凉眼药膏。

建议选择

【外用】氯霉素滴眼液、红霉素眼膏、杆菌肽眼膏、盐酸金霉素眼膏、硫酸庆大霉素滴眼液。

视物模糊

视物模糊指看东西模糊不清，引起视物模糊的原因有很多种，可以是多种眼科疾病，也可以是屈光不正，例如近视、远视、散光等。也可能是其他全身疾病引起的并发症。或者非疾病而受外界干扰导致。

主要表现

近视眼，看近清楚，看不清远处物体。

远视眼，轻度的远视会出现看远清楚，看近不清楚，较高度的远视看远看近都不清楚。

散光，非常轻微的散光例如 50 度以下，一般不会引起视物模糊，但 75 度以上的散光，一般会出现看远看近都不清楚，有重影，不同方向的线条清晰度不一致，夜间视力或暗视力更差，常有眯眼习惯、斜颈，容易引起视觉疲劳，长时间阅读容易引起头疼。

老视眼是指近距离阅读出现和视觉困难，老视眼与其他几种屈光不正的区别是，它与年龄和自身眼睛的调节力有关，40 岁左右出现老花眼几乎是人人会发生的。

✔ 可选品种

【中成药】黄连羊肝丸、增光片、复方决明片、明目地黄丸、明目上清片。
【外用】麝珠明目滴眼液、冰珍清目滴眼液。

◑ 建议选择

【外用】麝珠明目滴眼液、冰珍清目滴眼液。

视疲劳

视疲劳是目前眼科常见的一种疾病，患者的症状多种多样，常见的有近距离工作不能持久，出现眼及眼眶周围疼痛、视物模糊、眼睛干涩、流泪等，严重者头痛、恶心、眩晕。它不是独立的疾病，而是由于各种原因引起的一组疲劳综合征。

主要表现

可引起眼干、眼涩、眼酸胀，视物模糊甚至视力下降，眼疲劳主要是由于人们平时全神贯注看电脑屏幕时，眼睛眨眼次数减少，造成眼泪分泌相应减少，同时闪烁荧屏强烈刺激眼睛而引起的。

✓ 可选品种

【中成药】益视颗粒。

【外用】复方硫酸软骨素滴眼液、萘扑维滴眼液、复方门冬维甘滴眼液、珍珠明目滴眼液。

👍 建议选择

【外用】复方硫酸软骨素滴眼液、萘扑维滴眼液、复方门冬维甘滴眼液、珍珠明目滴眼液。

夜　盲

夜盲症就是在暗环境下或夜晚视力很差或完全看不见东西。

 主要表现

　　由于饮食中缺乏维生素 A，或因某些消化系统疾病影响维生素 A 的吸收，致使视网膜杆状细胞没有合成视紫红质的原料而造成夜盲。在夜间或光线昏暗的环境下视物不清，行动困难。

✅ **可选品种**

　　【西药】维生素 A 软胶囊、维生素 A 糖丸、维生素 AD 滴剂、维生素 AE 胶丸、维生素 AD 滴剂（胶囊型）。

👍 **建议选择**

　　【西药】维生素 A 软胶囊、维生素 A 糖丸、维生素 AD 滴剂、维生素 AE 胶丸、维生素 AD 滴剂（胶囊型）。

（三）鼻部病证

过敏性鼻炎

　　过敏性鼻炎是发生在鼻黏膜的变态反应性疾病，在普通人群的患病率为 10%~25%，以鼻痒、喷嚏、鼻分泌亢进、鼻黏膜肿胀等为其主要特点。

主要表现

　　变应性鼻炎的典型症状主要是阵发性喷嚏、清水样鼻涕、鼻塞和鼻痒。部分伴有嗅觉减退。打喷嚏每次多于 3 个，每天数次阵发性发作，多在晨起或者夜晚或接触过敏原后立刻发作。大量清水样鼻涕，有时可不自

觉从鼻孔滴下，间歇或持续鼻塞，单侧或双侧，轻重程度不一，且大多数患者鼻内发痒，花粉症患者可伴眼痒、耳痒和咽痒。

✅ 可选品种

【西药】富马酸酮替芬片（胶囊、口服溶液）。

【中成药】鼻炎康片、苍鹅鼻炎片。

【外用】色甘酸钠滴鼻液、复方萘甲唑啉喷雾剂、盐酸羟甲唑啉滴鼻液、富马酸酮替芬鼻吸入气雾剂、布地奈德鼻喷雾剂、鼻通宁滴剂、滴通鼻炎水、鼻宁喷雾剂、复方鼻炎膏。

👍 建议选择

【西药】富马酸酮替芬片（胶囊、口服溶液）。

【外用】色甘酸钠滴鼻液、盐酸羟甲唑啉滴鼻液、富马酸酮替芬鼻吸入气雾剂。

鼻　炎

鼻炎即鼻腔炎性疾病，是病毒、细菌、变应原、各种理化因子以及某些全身性疾病引起的鼻腔黏膜的炎症。鼻炎的主要病理改变是鼻腔黏膜充血、肿胀、渗出、增生、萎缩或坏死等。包括单纯性鼻炎、肥厚性鼻炎、干燥性鼻炎等。

主要表现

鼻塞特点为间歇性。多涕，常为黏液性或黏脓性，偶成脓性。嗅觉下降，多为两种原因所致，一为鼻黏膜肿胀、鼻塞，气流不能进入嗅觉区域；二为嗅区黏膜受慢性炎症长期刺激，嗅觉功能减退或消失。慢性鼻窦炎多表现为头沉重感。

✅ 可选品种

【西药】富马酸酮替芬片（胶囊、口服液）。

【中成药】鼻炎片、鼻炎康片、苍鹅鼻炎片、藿胆丸（片）、鼻康片、辛夷鼻炎丸、通窍鼻炎片。

【外用】复方萘甲唑啉喷雾剂、盐酸萘甲唑啉滴鼻液、盐酸羟甲唑啉滴鼻液、盐酸麻黄碱滴鼻液、盐酸赛洛唑啉滴鼻液、呋麻滴鼻液、鼻通宁滴剂、鼻窦炎口服液、鼻炎滴剂、复方熊胆通鼻喷雾剂、复方鼻炎膏。

👍 建议选择

【西药】富马酸酮替芬片（胶囊、口服液）。

【外用】复方萘甲唑啉喷雾剂、盐酸萘甲唑啉滴鼻液、盐酸羟甲唑啉滴鼻液、盐酸麻黄碱滴鼻液、呋麻滴鼻液。

酒渣鼻

酒渣鼻为中老年人外鼻常见的慢性皮肤损害，以鼻尖及鼻翼处皮肤红斑和毛细血管扩张为其特征，通常伴有痤疮。

主要表现

鼻子前端发红，日久鼻尖，鼻翼肥大，有的可发生在两颊部、下巴和口的周围，甚至额部。初起为暂时性红斑，尤其在进食刺激性食物后或情绪激动时红斑更为明显，日久红斑持续不退，毛血管呈树枝状扩张。在红斑基础上，长时间可出现针尖至黄豆大丘疹和丘脓疱，皮损与毛囊不一致。

✅ 可选品种

【中成药】当归苦参丸。

【外用】硫软膏、维生素 B_6 软膏、氧化锌升华硫软膏、甲硝唑凝胶、克林霉素甲硝唑搽剂。

👍 建议选择

【外用】硫软膏、维生素 B_6 软膏、氧化锌升华硫软膏、甲硝唑凝胶、克林霉素甲硝唑搽剂。

（四）口腔病证

牙　痛

牙痛是指牙齿因各种原因引起的疼痛，龋齿是引起牙痛的常见原因。此外，牙髓炎、根尖周炎、牙外伤、牙本质过敏、楔状缺损等也会引起牙痛。

主要表现

牙痛是多种牙齿疾病和牙周疾病常见症状之一，其特点表现为以牙痛为主，牙龈肿胀，咀嚼困难，口渴口臭，或时痛时止，遇冷热刺激痛、面颊部肿胀等。牙龈鲜红或紫红、肿胀、松软，有时龈缘有糜烂或肉芽组织增生外翻，刷牙或吃东西时牙龈易出血，但一般无自发性出血，患者无明显的自觉症状，有时可有发痒或发胀感。牙痛大多由于牙龈炎和牙周炎。蛀牙或折裂牙而导致牙髓感染所引起的。

中医学认为牙痛是由于外感风邪、胃火炽盛、肾虚火旺、虫逐牙齿等原因所致。

✅ 可选品种

【西药】阿咖酚胶囊、阿司匹林咀嚼片、贝诺酯片（分散片、颗粒）、丁硼乳膏、对乙酰氨基酚滴剂（咀嚼片、片、分散片、胶囊、干混悬剂、糖浆）、复方对乙酰氨基酚片、复方布洛伪麻缓释片。

【中成药】复方草玉梅含片、齿痛消炎灵颗粒。

【外用】复方达克罗宁薄荷溶液、京制牛黄解毒丸、清火胶囊、清火栀麦片、清宁丸、牙痛药水、西帕依固龈液、复方两面针漱齿液、复方牙痛酊、复方牙痛宁搽剂、莪树油。

👍 建议选择

【西药】阿咖酚胶囊、阿司匹林咀嚼片、贝诺酯片（分散片、颗粒）、丁硼乳膏、对乙酰氨基酚滴剂（咀嚼片、片、分散片、胶囊、干混悬剂、糖浆）、复方对乙酰氨基酚片、复方布洛伪麻缓释片。

【外用】复方达克罗宁薄荷溶液、京制牛黄解毒丸、清火胶囊、清火栀麦片、清宁丸、牙痛药水、西帕依固龈液、复方两面针漱齿液、复方牙痛酊、复方牙痛宁搽剂、莪树油。

牙龈出血

牙龈出血是口腔科常见症状之一，是指牙龈自发性的或由于轻微刺激引起的少量流血。一般而言，牙龈的慢性炎症是牙龈出血的常见原因。

主要表现

轻者表现为刷牙、进食、吸吮时，牙龈的毛细血管破裂出现渗血，血量少，多在唾液中可见有血丝或所吃食物上及牙刷毛中有血液染色，经过冷水含漱后可自行停止。重者在轻微刺激可引起牙龈大量出血，或者无任何刺激时牙龈出血，出血范围广泛，量多且不易止住，这种症状往往和患者全身健康状况有关。

✅ 可选品种

【中成药】三黄片（丸、胶囊）。

【外用】丁硼乳膏、复方两面针漱齿液、复方氯己定含漱液、西帕依固龈泡腾片、西帕依固龈液。

👍 建议选择

【外用】丁硼乳膏、复方两面针漱齿液、复方氯己定含漱液、西帕依固龈泡腾片、西帕依固龈液。

口腔溃疡

口腔溃疡是一种常见的发生于口腔黏膜的溃疡性损伤病症，多见于唇内侧、舌头、舌腹、颊黏膜、前庭沟、软腭等部位，这些部位的黏膜缺乏角质化层或角化较差。舌头溃疡指发生于舌头、舌腹部位的口腔溃疡。

主要表现

主要发于唇、颊、舌、口底和软腭等部位，损害开始为充血点或红斑，有烧灼感，以后发展为溃疡，呈圆形或椭圆形，直径多为 2~3 毫米，中心凹陷，上覆盖黄色或淡黄色纤维素性假膜，四周边缘充血红晕，数目多在 1~3 个，在说话及进食冷热酸甜等食物时疼痛加重，溃疡一般持续 7~14 日可自愈，愈后不留瘢痕，发作时无全身症状。

✓ 可选品种

【西药】地喹氯铵含片、西地碘含片、度米芬滴丸。

【中成药】桂林西瓜霜、桂林西瓜霜含片、龙血竭含片、余麦口咽合剂、口炎颗粒、口炎清颗粒。

【外用】醋酸氯己定溶液、乳酸依沙吖啶溶液、西吡氯铵含漱液、复方硼砂含漱液、溶菌酶含片、复方庆大霉素膜、喉康散、甲硝唑口颊片、金喉健喷雾剂、口腔溃疡含片、龙掌口含液、冰矾清毒生肌散、口腔溃疡散、复方一枝黄花喷雾剂、口洁含漱液、口洁喷雾剂、蜂胶口腔膜。

👍 建议选择

【西药】西地碘含片。

【中成药】桂林西瓜霜、桂林西瓜霜含片、龙血竭含片、余麦口咽合剂、口炎颗粒、口炎清颗粒。

【外用】醋酸氯己定溶液、乳酸依沙丫啶溶液、复方硼砂含漱液。

咽 炎

咽炎可分为急性咽炎和慢性咽炎。急性咽炎为咽部黏膜及黏膜下组织的急性炎症咽淋巴组织常被累及。慢性咽炎又称慢性单纯性咽炎，为咽部黏膜、黏膜下及淋巴组织的弥漫性炎症。

主要表现

咽痛、咽干、咽痒、干咳、声音嘶哑。咳痰或无痰。多伴有咽部异物感。可以有恶心、干呕，以晨起尤甚。

✅ 可选品种

【西药】西地碘含片。

【中成药】复方鱼腥草片（颗粒、合剂）、铁笛丸（口服液、片）、藏青果颗粒、穿心莲片（胶囊）、复方青果冲剂、清咽丸（滴丸、片）、利咽解毒颗粒、板蓝根咀嚼片（茶、含片）、万通炎康片、冬凌草片（糖浆）、玄麦甘桔含片（胶囊、颗粒）、西瓜霜润喉片、西黄清醒丸、含化上清片、金果含片（饮）、金鸣片、青果丸（颗粒）、青黛散、咽炎片、复方草珊瑚含片、复方黄芩片、健民咽喉片、消炎灵片、润喉丸、清火栀麦片（胶囊）、银黄片（冲剂、含化片、胶囊、口服液）、复方罗汉果含片、桂林西瓜霜（含片、胶囊）、复方南板蓝根片（颗粒）、罗汉果银花含片、复方冬凌草含片、复方青橄榄利咽含片、菊梅利咽含片、西瓜霜清咽含片、金嗓子喉片、清咽饮茶、甘果含片、咽立爽口含滴丸、复方草玉梅含片、四季青片、穿黄消炎片、乌梅人丹、穿心莲内酯胶囊、复方瓜子金含片。

【外用】醋酸氯己定溶液（外用）、复方硼砂含漱液（外用）、复方川贝清喉喷雾剂。

👍 建议选择

【西药】西地碘含片。

【中成药】银黄口服液、桂林西瓜霜（含片、胶囊）、复方草珊瑚含片、清火栀麦片（胶囊）、咽立爽口含滴丸。

【外用】醋酸氯己定溶液（外用）、复方硼砂含漱液（外用）。

磨　牙

磨牙症是指睡眠时有习惯性磨牙或白昼也有无意识磨牙习惯者，随时间一点一点加重，是一种长期的恶性循环疾病。

主要表现

常在夜间入睡以后磨牙，睡眠时患者做磨牙或紧咬牙动作，牙齿磨动时常伴有"咯吱咯吱"的声音，患者本人多不知晓；或白天注意力集中时不自觉地将牙咬紧，但没有上下牙磨动的现象。肠内寄生虫病，胃肠道疾病，口腔疾病，不易消化，精神运动性癫痫，癔症，白天情绪激动、过度疲劳或情绪紧张等精神因素，缺乏维生素，缺乏微量元素，牙齿排列不齐，换牙期间的磨牙现象等均是常见病因。

✔ 可选品种

【中成药】保儿安颗粒。

👍 建议选择

【中成药】保儿安颗粒。

口　臭

口臭是指从口腔或其他充满空气的空腔中，如鼻、鼻窦、咽，所散发出的臭气。口腔局部疾患是主要导致口臭的原因，但口臭也常是某些严重系统性疾病的口腔表现，有一些器质性疾患也会导致口臭症。

主要表现

酸臭味，可见于消化不良。

氨气味，可见于肾炎患者。

烂苹果味，可见于糖尿病患者。

鼠臭味，肝脏有病时口中有此味。

腐臭味，口腔不洁导致。

脓臭味，常见于化脓性鼻炎、副鼻窦炎、鼻内异物或肺脓肿等。

血腥味，可见于牙龈出血、上消化道出血以及支气管扩张的患者。

✅ 可选品种

【中成药】通舒口爽胶囊、养阴口香合剂、咽立爽口含滴丸、乌梅人丹。

【外用】复方两面针漱齿液、复方一枝黄花喷雾剂、龙掌口含液。

👍 建议选择

【中成药】通舒口爽胶囊、养阴口香合剂、咽立爽口含滴丸、乌梅人丹。

【外用】复方两面针漱齿液、复方一枝黄花喷雾剂、龙掌口含液。

声音嘶哑

声音嘶哑是指发音时失去了正常圆润、清亮的音质，变得毛、沙、哑、嘶。

主要表现

是喉部，特别是声带病变的主要症状，多由喉部病变所致，也可因全身性疾病所引起。声嘶的程度因病变的轻重而异，轻者仅见音调变低、变粗，重者发声嘶哑甚至只能发出耳语声或失音。

✓ 可选品种

【中成药】复方熊胆薄荷含片、含化上清片、金嗓开音丸、金嗓子喉片、京都念慈庵蜜炼川贝枇杷膏、景天虫草含片、清喉利咽颗粒、清咽丸、润喉丸、双花草珊瑚含片、铁笛片、西瓜霜润喉片、咽喉清喉片。

👍 建议选择

【中成药】复方熊胆薄荷含片、含化上清片、金嗓开音丸、金嗓子喉片、京都念慈庵蜜炼川贝枇杷膏、景天虫草含片、清喉利咽颗粒、清咽丸、润喉丸、双花草珊瑚含片、铁笛片、西瓜霜润喉片、咽喉清喉片。

（五）耳部病证

耳　鸣

耳鸣原意为耳部响铃样声音，现指主观上感觉耳内或头部有声音，但外界并无相应声源存在。耳鸣是耳科临床最常见的症状之一。

主要表现

耳鸣的症状表现总体说呈多样性，可单侧或双侧，也可为头鸣，可持续性存在也可间歇性出现，声音可以为各种各样，音调高低不等。

✓ 可选品种

【中成药】六味地黄丸、耳聋通窍丸、泻青丸、益气聪明丸、耳聋左慈丸、龙胆泻肝丸（颗粒、片、口服液）。

👍 建议选择

【中成药】六味地黄丸、耳聋通窍丸、泻青丸、益气聪明丸、耳聋左慈丸、龙胆泻肝丸（颗粒、片、口服液）。

（六）呼吸系统病证

咳　嗽

咳嗽是人体的一种保护性呼吸反射动作。通过咳嗽反射能有效清除呼吸道内的分泌物或进入气道的异物。但咳嗽也有不利的一面，剧烈咳嗽可导致呼吸道出血，如长期、频繁、剧烈咳嗽影响工作、休息，甚至引起喉痛，音哑和呼吸肌痛则属病理现象。中医学中的咳嗽是指肺气上逆作声，咳吐痰液，是肺系疾病主要症状之一。

主要表现

咳嗽的性质：咳嗽无痰或痰量极少，称为干性咳嗽。干咳或刺激性咳嗽常见于急性或慢性咽喉炎、喉癌、急性支气管炎初期、气管受压、支气管异物、支气管肿瘤、胸膜疾病、原发性肺动脉高压以及二尖瓣狭窄等。咳嗽伴有咳痰称为湿性咳嗽，常见于慢性支气管炎、支气管扩张、肺炎、肺脓肿和空洞型肺结核等。

咳嗽的时间与规律：突发性咳嗽常由于吸入刺激性气体或异物、淋巴结或肿瘤压迫气管或支气管分叉处所引起。发作性咳嗽可见于百日咳、支气管内膜结核以及以咳嗽为主要症状的支气管哮喘（变异性哮喘）等。长期慢性咳嗽多见于慢性支气管炎、支气管扩张、肺脓肿及肺结核。夜间咳嗽常见于左心衰竭和肺结核患者，引起夜间咳嗽的原因可能与夜间肺淤血加重及迷走神经兴奋性增高有关。

咳嗽的音色：指咳嗽声音的特点。如咳嗽声音嘶哑，多为声带的炎症或肿瘤压迫喉返神经所致；鸡鸣样咳嗽，表现为连续阵发性剧咳伴有高调吸气回声，多见于百日咳、会厌、喉部疾患或气管受压；金属音咳嗽，常见于因纵隔肿瘤、主动脉瘤或支气管癌直接压迫气管所致的咳嗽；咳嗽声音低微或无力，见于严重肺气肿、声带麻痹及极度衰弱者。

✅ 可选品种

【西药】磷酸苯丙哌林片（胶囊、颗粒、缓释片）、枸橼酸喷托维林片、复方氢溴酸右美沙芬胶囊、氢溴酸右美沙芬片（缓释片）、盐酸氨溴索片（缓释胶囊）、那可丁片（糖浆）、复方甘草片、复方甘草氯化铵糖浆、复方甘草麻黄碱片、复方甘草浙贝氯化铵片、盐酸氯哌丁片、愈美片（胶囊、颗粒）、小儿愈美那敏溶液、愈酚喷托异丙嗪颗粒、复方愈创木酚磺酸钾口服溶液、复方贝母氯化铵片、喷托维林氯化铵糖浆

（片）、复方愈酚喷托那敏糖浆、右美沙芬愈创甘油醚糖浆、愈创维林那敏片。

【中成药】复方桔梗远志麻黄碱片Ⅰ、复方桔梗远志麻黄碱片Ⅱ、复方麻黄碱糖浆、复方枇杷氯化铵糖浆、愈酚维林片、通宣理肺丸（颗粒、胶囊、口服液、片）、川贝清肺糖浆、橘红片（颗粒、丸、胶囊）、百合固金丸（口服液）、养阴清肺膏（颗粒、糖浆、合剂、丸、口服液）、苏子降气丸、川贝止咳露（糖浆）、秋梨润肺膏、二冬膏、二母清肺丸、二陈丸（合剂）、三蛇胆川贝膏（糖浆）、川贝半夏液、川贝枇杷冲剂（糖浆、露）、川贝罗汉止咳冲剂、川贝梨糖浆、川贝雪梨膏（糖浆）、川贝银耳糖浆、止咳片、止咳宁嗽胶囊、止咳枇杷冲剂（合剂、糖浆）、止咳橘红丸（口服液、胶囊）、牛黄蛇胆川贝液（散、胶囊）、贝母梨膏、风热咳嗽丸（胶囊）、风寒咳嗽丸、半夏止咳糖浆、宁嗽丸、安嗽片、百梅止咳冲剂（糖浆）、竹沥膏（合剂）、芒果止咳片、杏仁止咳糖浆（颗粒）、良园枇杷叶膏、补肺丸、远志糖浆、治咳片、法制半夏曲、罗汉果止咳糖浆（片、膏）、罗汉果玉竹冲剂、养肺丸、咳喘丸、咳喘宁颗粒、咳嗽枇杷糖浆、咳嗽糖浆、复方川贝止咳糖浆、复方贝母散、复方半夏片、复方枇杷止咳颗粒、复方枇杷叶膏、复方罗汉果止咳冲剂、复方桔梗止咳片、复方梨膏、祛痰灵口服液、京都念慈庵蜜炼川贝枇杷膏、镇咳宁口服液（滴丸）、小青龙合剂（颗粒）、止咳丸、止咳平喘糖浆、克咳胶囊、沙棘颗粒、固本咳喘片、咳宁颗粒（糖浆、胶囊）、咳特灵（胶囊、颗粒）、急支糖浆（颗粒）、洋参保肺颗粒（丸）、蛇胆川贝枇杷膏、银杏露、麻杏止咳糖浆（片、颗粒）、蛤蚧养肺丸、参蛤平喘胶囊、咳灵胶囊、复方鲜竹沥液、健肺丸、消炎片、虫草川贝止咳膏、肺力咳胶囊、咳平胶囊、咳嗽停胶囊、咳康含片、咳清胶囊、十五味龙胆花丸、气管炎丸、十味止咳片、罗汉果菊花颗粒、复方罗汉果止咳颗粒、黄龙止咳颗粒、川贝散、外用止咳散、白杏片、百花膏、芪风固表颗粒、法半夏枇杷膏、咳喘安口服液、复方止咳胶囊、复方咳喘胶囊、银花芒果颗粒、麻姜颗粒、黄龙咳喘胶囊、熊胆川贝口服液、强力枇杷露、止咳宝片、肺宁口服液、固本止咳膏。

👍 **建议选择**

【**西药**】枸橼酸喷托维林片（咳必清）、复方氢溴酸右美沙芬胶囊、复方甘草片、氢溴酸右美沙芬片（缓释片）。

痰　多

痰多是指肺及支气管等鼻腔以下的呼吸道黏膜所分泌、用来把异物排出体外的黏液，特别是经过咳嗽吐出来的分泌物。

主要表现

很多疾病都可以出现咳痰。慢性支气管炎在遇寒凉后易犯咳、喘、痰多，在合并细菌感染时，痰黄黏且发热。大叶性肺炎时有铁锈痰。肺结核形成肺空洞时痰量多，化验能找到结核菌，可伴有血痰。支气管扩张时痰量很多，可分成稀、黏稠、特黏稠三层，也可伴咳血。肺脓肿时痰量特别多而臭。绿脓杆菌感染时痰呈绿色或黄绿色，较黏，伴发热。

✅ **可选品种**

【**西药**】羧甲司坦片（口服溶液、颗粒）、盐酸溴己新片、乙酰半胱氨酸喷雾剂（颗粒）、愈创甘油醚片（颗粒、糖浆）、氯化铵片、羧甲基半胱氨酸泡腾散、盐酸美司坦片。

👍 **建议选择**

【西药】盐酸溴己新片、氯化铵片。

哮　喘

哮喘指患者感觉呼吸时很费力，由呼吸道平滑肌痉挛等引起。肺炎、心力衰竭、慢性支气管炎等病多有这种症状。

主要表现

气喘是在没有任何预兆下突然发作，尤其很多人都是在深夜到天亮前发病。最初感觉喉咙很紧及胸闷、眼睛不舒服。不久，喉咙出现哮喘音、气喘、呼吸困难等症。呼吸困难严重时，会出现起床后若不坐着会无法呼吸、咳嗽及咳痰等情形。症状缓和时，咳嗽也会变轻，痰的黏性变少，呼吸困难的症状也能改善。

✔ **可选品种**

【西药】盐酸氯丙那林片、二羟丙茶碱片、复方氯丙那林鱼腥草素钠片、甘草酸氯丙那林含片。

【中成药】百花定喘丸、川贝止咳糖浆、参贝北瓜膏（颗粒）、肺安片、保宁半夏曲、蛤蚧定喘丸（胶囊）、双黄平喘颗粒。

👍 **建议选择**

【西药】盐酸氯丙那林片。

（七）胃肠系统病证

肠胃痉挛

肠胃痉挛是副交感神经兴奋导致一过性肠胃痉挛、短暂性阻断胃的内容物通过，使近端胃肠强力蠕动而形成绞痛。

主 要 表 现

突然发作，其腹痛部位往往以脐周为主，发作间歇时无异常体征，服用解痉药可以好转。

✔ 可选品种

【西药】溴丙胺太林片（普鲁本辛）、氢溴酸山莨菪碱片、颠茄流浸膏。

👍 建议选择

【西药】溴丙胺太林片（普鲁本辛）、氢溴酸山莨菪碱片、颠茄流浸膏。

胃　痛

胃痛，又称胃脘痛，是指以上腹胃脘部近心窝处疼痛为症状的病症。西医学的急性胃炎、慢性胃炎、胃溃疡、十二指肠溃疡、功能性消化不良、胃黏膜脱垂等病以上腹部疼痛为主要症状者，属于中医学胃痛范畴。

主要表现

疼痛，这是胃病最常见的症状之一。表现形式有隐痛、刺痛、绞痛。气胀，也是胃病最常见的症状之一。胃痛的治疗应根据不同的类型和病因，采用散寒止痛、消食导滞、疏肝理气、泄热和胃、活血化瘀、养阴益胃、温中健脾等方法。

可选品种

【西药】西咪替丁片（咀嚼片、缓释片、胶囊）、盐酸雷尼替丁片（胶囊、口服液、泡腾颗粒）、复方雷尼替丁胶囊、法莫替丁片（胶囊、颗粒、散、咀嚼片）、硫糖铝片（胶囊、混悬液）、铝碳酸镁片（咀嚼片、混悬液）、复方铝酸铋片（胶囊）、枸橼酸铋钾片（胶囊、颗粒、口服液）、胶体果胶铋胶囊、氢氧化铝片（凝胶）、复方维生素U胶囊、铝镁加混悬液、三硅酸镁片、碳酸氢钠片、复方碳酸钙咀嚼片、复方碱式硝酸铋片、碱式碳酸铋片、大黄碳酸氢钠片、盐酸哌仑西平片、复方颠茄氢氧化铝片（散）、复方龙胆碳酸氢钠片、复方木香铝镁片、复方颠茄铋铝片、铝镁颠茄片、维U颠茄铝胶囊、维U颠茄铝胶囊Ⅱ、维U颠茄铝镁胶囊（片）、复方芦荟维U片、复方丙谷胺西咪替丁片、复方溴丙胺太林铝镁片、碳酸钙口服混悬液。

【中成药】香砂养胃丸（颗粒、胶囊）、香砂平胃颗粒（丸、散）、温胃舒胶囊（颗粒）、养胃舒胶囊（颗粒）、加味左金丸、胃得安片、六味安消胶囊、胃苏颗粒、丁桂温胃散、七香止痛丸、八宝瑞生丸、十香止痛丸、三九胃泰胶囊（颗粒）、小建中冲剂（合剂、胶囊）、山楂内消丸、乌贝胶囊（散、颗粒）、乌甘散、五灵止痛胶囊、六味能消丸（胶囊）、加味四消丸、四方胃片（胶囊）、左金丸（片、胶囊）、平安丸、正胃片、仲景胃灵片（丸）、安胃片（胶囊、颗粒）、沉香化气片（丸、胶囊）、沉香曲、良附丸、苏南山肚痛丸、和胃平肝丸、宝宝乐、玫瑰花口服液、复方大黄酊、复方元胡止痛片、复方胃宁片、复胃散胶囊、珍黄胃片、胃乃安胶囊、胃气痛片、胃安胶囊、胃炎宁冲剂、胃疡灵颗粒、胃复宁胶囊、胃药胶囊、胃痛宁片、胃益胶囊、陈香露白露片、复方田七胃痛片（胶囊）、姜颗粒、神曲胃痛胶囊、胃乐胶囊、胃乐舒口服液、胃灵颗粒、胃康胶囊、健胃消炎颗粒、双姜胃痛丸、胃复舒胶囊、八味肉桂胶囊、元和正胃片、心胃止痛胶囊、肝胃气痛片、胃欣舒胶囊、胃泰胶囊、温胃降逆颗粒、舒胃药酒、七味解痛口服液、胃康灵胶囊、八味和胃口服液、参术胶囊、胃泰和胶囊、猴头菌片。

👍 建议选择

【西药】西咪替丁片（咀嚼片、缓释片、胶囊、口服乳）、盐酸雷尼替丁片（胶囊、口服液、泡腾颗粒）、复方雷尼替丁胶囊、法莫替丁片（胶囊、颗粒、散、咀嚼片）、硫糖铝片（胶囊、混悬液）、铝碳酸镁片（咀嚼片、混悬液）、枸橼酸铋钾片（胶囊、颗粒、口服液）。

【中成药】香砂养胃丸（颗粒、胶囊）、复方田七胃痛片（胶囊）、三九胃泰胶囊（颗粒）。

胃　胀

当胃、十二指肠存在炎症、反流、肿瘤时，就会使胃的排空延缓，食物不断对胃壁产生压力；同时，食物在胃内过度发酵后产生大量气体，使胃内压力进一步增高，因而就会出现上腹部的饱胀、压迫感，即胃胀。

主要表现

　　上腹部不适或疼痛，饱胀，烧心（泛酸），嗳气等，不愿进食或尽量少进食，夜里也不易安睡，睡后常有噩梦。有些患者还有嗳气、便秘腹泻交替、发热等症状。每天早起或者饭前、后，均有打嗝现象，并伴随气体喷出，身体消瘦，精神抑郁，神经性的头疼和胸闷，伴以乳房忽冷忽热。

✓ 可选品种

　　【西药】多潘立酮片、乳酸菌素片、乳酶生片、多酶片。

　　【中成药】丁蔻理中丸、大温中丸、不换金正气散、六君子丸、开郁顺气丸、开胃山楂丸、开胸理气丸、木香理气片、加味白药丸、平胃丸（片）、朴沉化郁丸、沉香化滞丸、沉香理气丸、沉香舒郁片、阿那日十四味散、阿那日五味散、金佛酒、保济丸（口服液）、养脾散、沙棘颗粒（丸、片）、四磨汤口服液、调肝和胃丸、开胃丸、木香通气丸、消食养胃片、新健胃片、参柴颗粒、熊胆酒、苓麦消食颗粒、健胃消食片。

　　【外用】复方丁香开胃贴。

👍 建议选择

　　【西药】多潘立酮片、乳酸菌素片、乳酶生片、多酶片。
　　【中成药】健胃消食片。

功能性消化不良

　　功能性消化不良又称消化不良，是指具有上腹痛、上腹胀、早饱、嗳气、食欲不振、恶心、呕吐等不适症状，经检查排除引起上述症状的器质性疾病的一组临床综合征。症状可持续或反复发作，病程超过一个月或在过去的 12 个月中累计超过 12 周。

主要表现

消化不良无特征性的临床表现，主要有上腹痛、上腹胀、早饱、嗳气、食欲不振、恶心、呕吐等，可单独或以一组症状出现。早饱是指进食后不久即有饱感，以致摄入食物明显减少。上腹胀多发生于餐后，或呈持续性进餐后加重。早饱和上腹胀常伴有嗳气。恶心、呕吐并不常见，往往发生在胃排空明显延迟的患者，呕吐多为当餐胃内容物。不少患者同时伴有失眠、焦虑、抑郁、头痛、注意力不集中等精神症状。这些症状在部分患者中与"恐癌"心理有关。在病程中症状也可发生变化，起病多缓慢，经年累月，持续性或反复发作，不少患者有饮食、精神等诱发因素。

✅ 可选品种

【中成药】香砂枳术丸、大山楂丸（咀嚼片、颗粒、片）、木香顺气丸、健胃消食片、山楂丸、山楂麦曲颗粒、山楂调中丸、开胃健脾丸、开胃理脾丸、四君子颗粒、补脾消食片、陈夏六君子丸、麦芽片、参苓健脾丸、和中理脾丸、保和丸（片、颗粒、液、口服液）、复方消食冲剂、消食健胃片、健脾颗粒、香砂和中丸、消食颗粒、芪枣健胃茶、益气健脾口服液、六神曲。

👍 建议选择

【中成药】香砂枳术丸、麦芽片、消食健胃片。

腹　泻

腹泻病是一组由多病原、多因素引起的，以大便次数增多和大便性状改变为特点的消化道综合征。

主要表现

腹泻常伴有排便急迫感、肛门不适、失禁等症状。腹泻分急性和慢性两类。急性腹泻发病急剧，病程在 2~3 周之内。慢性腹泻指病程在 2 个月以上或间歇期在 2~4 周内的复发性腹泻。

起病急，可伴发热、腹痛。病变位于直肠和（或）乙状结肠的患者多里急后重，每次排便量少，有时只排出少量气体和黏液，粉色较深，多呈黏冻状，可混血液。小肠病变的腹泻无里急后重，粪便不成形，可成液状，色较淡，量较多。慢性胰腺炎和小肠吸收不良者，粪便中可见油滴，多泡沫，含食物残渣，有恶臭。霍乱弧菌所致腹泻呈米泔水样。血吸虫病、慢性痢疾、直肠癌、溃疡性结肠炎等病引起的腹泻，粪便常带脓血。

中医学认为腹泻病变脏腑主要在脾、胃、大小肠。其致病因素主要有外感风邪、饮食不节、情志所伤及脏腑虚弱等，治疗上，急性腹泻应当除湿导滞、通调腑气为主，慢性腹泻应当健脾温肾、固本止泻为主。

✅ 可选品种

【西药】盐酸小檗碱片、药用炭片（胶囊）、鞣酸蛋白片、鞣酸蛋白酵母散、鞣酸苦参碱片（胶囊）、口服双歧杆菌活菌制剂、双歧三联活菌肠溶胶囊、地衣芽孢杆菌活菌胶囊、枯草杆菌肠球菌二联活菌多维颗粒、硫糖铝小檗碱片、复方谷氨酰胺肠溶胶囊、复方木香小檗碱片、蒙脱石散。

【中成药】葛根芩连片、香连片（胶囊、丸）、五味黄连丸、止泻灵片（糖浆、颗粒）、补脾益气丸、固本益肠片、养胃片、小儿参术健脾丸、小儿腹泻宁、胃立康片、正露丸、止泻利颗粒、仙鹤胶囊、肠康片、胃肠灵胶囊、理中丸、肠胃散、涩肠止泻散、腹可安片、九味清热胶囊、藿香正气液（水）、香芷正气胶囊、肠炎宁片（糖浆）。

【外用】倍芪腹泻贴。

👍 建议选择

【西药】盐酸小檗碱片、药用炭片（胶囊）、枯草杆菌肠球菌二联活菌多维颗粒、蒙脱石散。

【中成药】藿香正气液（水）。

便　秘

便秘是指排便频率减少，一周内大便次数少于 2~3 次，或者 2~3 天才大便 1 次，粪便量少且干结时称为便秘。但有少数人平素一贯是 2~3 天才大便 1 次，且大便性状正常，此种情况不应认为是便秘。故对于有无便秘，还须根据其本人平日排便习惯和有无排便困难来判断。对同一人而言，如大便由每天 1 次或每 2 天 1 次变为 2 天以上或更长时间始大便 1 次时，应视为便秘。

主要表现

便意少，便次也少；排便艰难、费力；排便不畅；大便干结、硬便，排便不净感；便秘伴有腹痛或腹部不适。部分患者还伴有失眠、烦躁、多梦、抑郁、焦虑等精神心理障碍。

✅ 可选品种

【西药】乳果糖口服溶液、比沙可啶片（肠溶片）。

【中成药】车前番泻复合颗粒、麻仁丸（合剂、胶囊）、麻仁润肠丸（软胶囊）、五仁润肠丸、苁蓉通便口服液、九制大黄丸、大黄通便冲剂（胶囊）、龙荟丸、便秘通、便通胶囊、秘治胶囊、舒秘胶囊、通舒口爽胶囊、清肠通便胶囊、轻舒颗粒、消积通便胶囊、润通丸、通便灵茶、润肠通秘茶、双仁润肠提口服液、地黄润通口服液、滋阴润肠口服液。

【外用】开塞露、甘油栓、甘油灌肠剂。

👍 建议选择

【西药】乳果糖口服溶液。

【中成药】麻仁丸（胶囊）、麻仁润肠丸（软胶囊）。

【外用】开塞露、甘油栓、甘油灌肠剂。

肠道寄生虫

寄生虫在人体肠道内寄生而引起的疾病统称为肠道寄生虫病。常见的有原虫类和蠕虫类（包括蛔虫、钩虫、蛲虫、绦虫、鞭虫、阿米巴、贾第虫、滴虫等）。

主要表现

肠道寄生虫病大多经口传染，蛔虫为人体肠道常见寄生虫病。患者可不产生任何症状，但儿童、体弱或营养不良者症状出现机会多。以反复发作的脐周痛较常见。有时伴食欲不振、恶心、呕吐、腹泻及便秘。

蛲虫，线头状，乳白色，是寄生在肠道内的小型线虫，可以引起蛲虫病。当人睡眠后，雌虫移行到肛门外大量排卵，排出的卵就黏附在肛周外的皮肤上，主要引起肛门和会阴部皮肤瘙痒，以及因此而引起的继发性炎症。此外，患者常有烦躁不安、失眠、食欲减退、夜惊等表现。

鞭虫为人体肠道常见寄生虫。轻度感染多无明显症状，感染严重时，患者可有下腹阵痛和压痛、慢性腹泻、大便带鲜血或隐血。严重感染的患儿可出现脱肛、贫血、营养不良和体重减轻。

✅ 可选品种

【西药】阿苯达唑片（胶囊、颗粒、咀嚼片）、磷酸哌嗪宝塔糖。

👍 建议选择

【西药】阿苯达唑片（胶囊、颗粒、咀嚼片）、磷酸哌嗪宝塔糖。

痔

痔是一种位于肛门部位的常见疾病，包括内痔、外痔、混合痔，是肛门黏膜的静脉丛发生曲张而形成的一个或者多个柔软的静脉团。

主要表现

便血的性质可为无痛、间歇性、便后鲜血、便时滴血或手纸上带血，便秘、饮酒或进食刺激性食物后加重。单纯性内痔无疼痛仅坠胀感，可出血，发展至脱垂，合并血栓形成、嵌顿、感染时才出现疼痛。

内痔分为 4 度。Ⅰ度，排便时出血，便后出血可自行停止，痔不脱出肛门。Ⅱ度，常有便血，排便时脱出肛门，排便后自动还纳。Ⅲ度，痔脱出后需手辅助还纳。Ⅳ度，痔长期在肛门外，不能还纳。其中，Ⅱ度以上的内痔多形成混合痔，表现为内痔和外痔的症状同时存在，可出现疼痛不适、瘙痒，其中瘙痒常由于痔脱出时有黏性分泌物流出。

外痔平时无特殊症状，发生血栓及炎症时可有肿胀、疼痛。

✅ 可选品种

【中成药】槐角丸、痔炎消颗粒、槐角地榆丸、消痔灵片、痔疮止血颗粒、肛舒颗粒、九味痔疮胶囊、平痔胶囊、痔疮片。

【外用】醋酸氯己定痔疮栓、鱼石脂颠茄软膏、复方角菜酸酯栓、痔疮膏、麝香痔疮栓、消痔软膏、熊胆痔灵栓（膏）、熊胆栓。

👍 建议选择

【外用】马应龙麝香痔疮膏、麝香痔疮栓、复方角菜酸酯栓。

（八）妇科病证

痛　经

痛经为妇科最常见的症状之一，是指行经前后或月经期出现下腹部疼痛、坠胀，伴有腰酸或其他不适，症状严重影响生活质量者。痛经分为原发性和继发性两类，原发性痛经是指生殖器官无器质性病变的痛经，占痛经 90% 以上；继发性痛经是指盆腔器质性疾病引起的痛经。

月经来潮后腹痛加重，月经后一切正常。原发性痛经因为子宫口狭小、子宫发育不良或经血中带有大片的子宫内膜，经血中含有血块，也能引起小腹疼痛。继发性痛经多数是由于疾病造成的。

中医学认为痛经可由寒湿凝滞所致，症见小腹冷痛，得热痛减，经色暗淡，带下量大。

✅ 可选品种

【中成药】痛经丸（片）、元胡止痛片（胶囊、颗粒、滴丸、口服液）、妇康片、田七痛经胶囊（散）、妇女痛经丸、妇康宁片、复方益母口服液、益母冲剂、痛经口服液、痛经宁糖浆（颗粒）、痛经宝颗粒、妇痛宁滴丸、痛经调理口服液、归灵痛经宁颗粒、八味痛经片、温经止痛膏、温经颗粒。

【外用】痛经软膏。

👍 建议选择

【中成药】元胡止痛片（胶囊、颗粒、滴丸、口服液）、益母冲剂。

月经失调

月经失调也称月经不调，是妇科常见疾病，指月经的周期、经期、经量异常的一种疾病。包括月经先期、月经后期、月经先后无定期、经期延长、经量过多、经量过少等。

主要表现

经期提前：指月经周期短于 21 天，并且连续出现 2 个周期以上，属于排卵型功血基础体温双相，此时卵泡期短，只有短短的 7~8 天，或者是黄体期短于 10 天，体温上升不足 0.5℃。

经期延迟：经期延迟是指月经周期推迟 7 天以上，有时候甚至是 40~50 天，并连续出现 2 个月经周期以上。此时患者如果有排卵，则表现为双相基础体温，但卵泡期长，高温相偏低，如果没有排卵，其基础体温则为单相。

经期延长：月经周期正常，经期延长，经期超过 7 天以上，甚至 2 周才干净。如果女性患有某些炎症，则可能会有小腹疼痛，经期加重，白带量多，色黄或黄白、质稠、有味等症状。其他：月经不调的其他症状有月经先后不定期、月经无规律等。

西医学认为月经不调多属于内分泌失调所致，缺少有效的调理办法。患者可在中医辨证的基础上选用中成药调理。

✅ 可选品种

【中成药】当归丸（片）、调经止带丸、止血片、七制香附丸、益母草膏（颗粒、片、流浸膏、口服液）、加味逍遥丸、八珍益母丸（片、膏）、乌鸡白凤丸（口服液、颗粒）、当归红枣颗粒、艾附暖宫丸、妇康宝口服液（合剂、煎膏）、八宝坤顺丸、妇女养血丸、当归养血丸、参茸白凤丸、九制香附丸、人参益母丸、十二温经丸、十珍香附丸、女金丸（片、胶囊）、女科十珍丸、乌鸡白凤片、内补养荣丸、加味八珍益母膏、四制香附丸、四物益母丸、宁坤丸、宁坤养血丸、归芪养血糖浆、同仁乌鸡白凤丸（口服液）、妇科十味片、妇科宁坤丸、妇科白凤口服液（片）、妇科调经片（颗粒）、当归流浸膏、当归调经冲剂、肝郁调经膏、鸡血藤片（颗粒）、固经丸、坤顺丸、养血当归糖浆、养荣百草丸、复方乌鸡酒、复方鸡血藤膏、复方益母草膏、复方鹿参膏、香附丸、调经丸、调经补血丸、调经养血丸、逍遥丸（合剂、颗粒）、得生丸（片）、鹿胎胶囊（膏、颗粒）、温经白带丸、暖宫七味丸、珍母口服液、益母口服液、乌鸡丸、补血调经片、健妇胶囊、调经止痛片、气血和胶囊、复方珍珠口服液、妇血康颗粒、调经养颜胶囊、妇科再造丸、十一味黄精颗粒、乌鸡养血糖浆、归芍调经片、复方三七补血片、黄枣颗粒、丹贞颗粒。

👍 建议选择

【中成药】乌鸡白凤丸（口服液、颗粒）、复方益母草膏、加味逍遥丸。

阴道炎

　　阴道口闭合，阴道前后壁紧贴，阴道上皮细胞在雌激素影响下的增生和表层细胞角化，阴道酸碱度保持平衡，从而使适应碱性环境的病原体的繁殖受到抑制，而当颈管黏液呈碱性，阴道的自然防御功能受到破坏时，病原体易于侵入，导致阴道炎症。

主要表现

　　临床上常见有细菌性阴道病、念珠菌性阴道炎、滴虫性阴道炎、老年性阴道炎等。细菌性阴道病，10%~40% 患者无临床症状，有症状者主要表现为阴道分泌物增多，有鱼腥味。念珠菌性阴道炎，外阴瘙痒、灼痛、性交痛，尿频、尿痛。滴虫性阴道炎，阴道分泌物增多，特点为稀薄脓性、黄绿色、泡沫状、有臭味。老年性阴道炎，阴道分泌物增多，外阴瘙痒等，常伴有性交痛。

✅ **可选品种**

【外用】甲硝唑阴道泡腾片、克霉唑栓（阴道片、阴道泡腾片）、制霉素阴道泡腾片、复方甲硝唑栓、复方甲硝唑泡腾片、硝酸咪康唑栓、黄藤素栓、替硝唑阴道泡腾片（栓）、硝酸益康唑栓、复方莪术油栓、复方醋酸氯己定栓。

👍 **建议选择**

【外用】甲硝唑阴道泡腾片、克霉唑栓（阴道片、阴道泡腾片）、制霉素阴道泡腾片、复方甲硝唑栓、复方甲硝唑泡腾片、硝酸咪康唑栓、黄藤素栓、替硝唑阴道泡腾片（栓）、复方莪术油栓、复方醋酸氯己定栓。

（九）四肢关节病证

急性软组织挫伤

急性软组织损伤系指人体运动系统、皮肤以下骨骼之外的组织所发生的一系列急性挫伤或（和）裂伤，包括肌肉、韧带、筋膜、肌腱、滑膜、脂肪、关节囊等组织以及周围神经、血管的不同情况的急性损伤。

主要表现

急性软组织挫伤多钝性或锐性暴力致伤，包括擦伤、扭伤、挫伤、跌扑伤或撞击伤，造成肌体局部皮下软组织撕裂出血或渗出。以肿胀、疼痛为主要表现。局部渗血、水肿，疼痛剧烈。扭伤或挫伤的当天可局部冷敷，以减少血肿形成。第二天做热敷和按摩以促进血肿的吸收，除此以外，可应用一些非处方药。

✅ 可选品种

【中成药】独圣活血片。

【外用】水杨酸甲酯气雾剂、复方布洛芬凝胶、双氯芬酸（二乙胺盐）乳膏、云南白药气雾剂、云南白药酊、云南白药膏、田七跌打风湿膏、伤痛宁膏、关节止痛膏、红花油、独活止痛搽剂、消痛贴膏、舒筋活血定痛散、跌打扭伤散、麝香镇痛膏、辣椒风湿膏。

👍 建议选择

【外用】复方布洛芬凝胶、双氯芬酸（二乙胺盐）乳膏、云南白药气雾剂、云南白药酊、田七跌打风湿膏、伤痛宁膏、关节止痛膏、红花油、独活止痛搽剂、消痛贴膏、舒筋活血定痛散、跌打扭伤散、麝香镇痛膏。

软组织挫伤

软组织挫伤是因急性软组织损伤后治疗不及时，症状未减轻，仍有肿胀、疼痛的症状。

主要表现

瘀血阻滞，伤处皮肤青紫，触摸时感到僵硬，活动不便。

✅ 可选品种

【中成药】三七片（胶囊）、跌打损伤丸、养血荣筋丸、三七活血丸、愈伤灵胶囊、十味活血丸、伤痛跌打丸、复方三七胶囊、痛舒胶囊。

【外用】热敷袋、辣椒颠茄贴膏、祛瘀止痛酒、风痛灵、消炎镇痛膏、跌打镇痛膏、斧标正红花油、活络油、麝香跌打风湿膏、双龙驱风油、外用万应膏、消肿止痛酊、正骨水、正红花油、跌打万花油、肿痛舒喷雾剂、金红止痛消肿酊、消肿止痛膏、筋骨伤喷雾剂。

👍 建议选择

【中成药】三七片（胶囊）、跌打损伤丸、三七活血丸、愈伤灵胶囊、十味活血丸、伤痛跌打丸、复方三七胶囊、痛舒胶囊。

【外用】热敷袋、辣椒颠茄贴膏、祛瘀止痛酒、风痛灵、消炎镇痛膏、跌打镇痛膏、斧标正红花油、活络油、麝香跌打风湿膏、双龙驱风油、外用万应膏、消肿止痛酊、正骨水、正红花油、跌打万花油、肿痛舒喷雾剂、金红止痛消肿酊、消肿止痛膏、筋骨伤喷雾剂。

关节炎

关节炎多见于损伤性滑膜炎，损伤性滑膜炎多因急性创伤和慢性损伤所致。

主 要 表 现

当长时间单一动作超重运动后出现关节虚肿疲软或关节的旧伤随着天气的变化而出现肿胀。关节炎是关节肿胀的一个常见原因，当身上的任何一个部位关节肿胀超过 6 周，就可能是患了关节炎。当一处关节不仅肿胀而且会在碰触时发红发热，即是关节发炎。

✅ 可选品种

【中成药】千山活血膏。

【外用】骨友灵搽剂。

👍 建议选择

【外用】骨友灵搽剂。

肩周炎

肩周炎以肩部逐渐产生疼痛，夜间为甚，逐渐加重，肩关节活动功能受限而且日益加重，达到某种程度后逐渐缓解，直至最后完全复原为主要表现的肩关节囊及其周围韧带、肌腱和滑囊的慢性特异性炎症。肩周炎是以肩关节疼痛和活动不便为主要症状的常见病症。

主要表现

①肩部疼痛，初起肩部呈阵发性疼痛，多数为慢性发作，以后疼痛逐渐加剧或钝痛，或刀割样痛，且呈持续性，气候变化或劳累后常使疼痛加重，疼痛可向颈项及上肢（特别是肘部）扩散，当肩部偶然受到碰撞或牵拉时，常可引起撕裂样剧痛，肩痛昼轻夜重为本病一大特点，若因受寒而致痛者，则对气候变化特别敏感。②肩关节活动受限，严重时肘关节功能也可受影响，屈肘时手不能摸到同侧肩部，尤其在手臂后伸时不能完成屈肘动作。③怕冷，患者肩怕冷，不少患者终年用棉垫包肩，即使在暑天，肩部也不敢吹风。④压痛，多数患者在肩关节周围可触到明显的压痛点。

在治疗上可采用功能锻炼和局部推拿、按摩，主动与被动的缓解肩关节粘连、肌肉萎缩，是恢复健康的有效办法。

✅ 可选品种

【中成药】妙济丸、颈复康颗粒、颈康片、紫灯胶囊。

【外用】热敷袋、颈痛灵药酒、王回回狗皮膏、风湿伤痛膏、祛痛健身膏。

👍 建议选择

【外用】热敷袋、风湿伤痛膏。

腰腿痛

以腰部和腿部疼痛为主要症状的伤科病症。主要包括现代医学的腰椎间盘突出症、腰椎椎管狭窄症等。隋代巢元方《诸病源候论》指出该病与肾虚、风邪入侵有密切关系。腰腿痛多因扭闪外伤、慢性劳损及感受风寒湿邪所致。轻者腰痛，经休息后可缓解，再遇轻度外伤或感受寒湿仍可复发或加重；重者腰痛，并向大腿后侧、小腿后外侧及脚外侧放射疼痛，转动、咳嗽、喷嚏时加剧，腰肌痉挛，出现侧弯。直腿抬高试验阳性，患侧小腿外侧或足背有麻木感，甚至可出现间歇性跛行。

主要表现

腰腿痛以腰部和腿部疼痛为主要症状，轻者表现为腰痛，重者除腰痛之外，还向腿部放射疼痛，并且腰肌痉挛，出现侧弯。

治疗宜采用腰部推拿按摩手法，宜以腰围固定腰部，静卧硬板床休息，适当进行功能锻炼。亦可配合热敷、理疗、针灸、局部封闭及中药治疗。

✓ 可选品种

【中成药】活络止痛丸、大风丸、独活寄生合剂、舒筋活络丸、塞隆风湿软胶囊、风湿寒痛片、舒筋健腰丸、益肾健骨片。

【外用】风湿痛药酒、木瓜酒、史国公药酒、冯了性风湿跌打药酒、舒筋活络酒、国公酒、海蛇药酒、无敌药酒、伤湿止痛膏、驱风油、代温灸膏、骨通贴膏、骨痛灵酊、麝香祛风湿膏、天麻追风膏、麝香海马追风膏、外用无敌膏、麝香追风膏、风湿跌打酊、活血风寒膏、强腰壮骨膏、东方活血膏。

👍 建议选择

【外用】史国公药酒、冯了性风湿跌打药酒、天麻追风膏、麝香海马追风膏。

肌肉酸痛

一般来说，运动引起的肌肉酸痛可以分为急性与慢性（迟发性的肌肉酸痛）两种。急性的肌肉酸痛有别于肌肉拉伤，是指因肌肉暂时性的缺血而造成的酸痛现象，只有肌肉做激烈或长期的活动下才会发生，肌肉活动一结束即消失。通常，急性的肌肉酸痛会伴随肌肉僵硬的现象。

主要表现

感到乏力、僵直、酸痛，移动都很困难，肌肉保持紧张的状态。如果肌肉一直疼痛，特别是在肩膀、颈部和背部，白天感到非常疲惫，晚上睡眠也不好，可能是纤维肌痛。

✅ 可选品种

【西药】布洛芬缓释胶囊（片、缓释片、胶囊）、复方对乙酰氨基酚片、酚咖片。

【外用】云南白药气雾剂、双氯芬酸二乙胺乳胶剂、水杨酸甲酯气雾剂、樟脑醑。

👍 **建议选择**

【西药】布洛芬缓释胶囊（片、缓释片、胶囊）、复方对乙酰氨基酚片、酚咖片。

【外用】云南白药气雾剂、双氯芬酸二乙胺乳胶剂、水杨酸甲酯气雾剂、樟脑醑。

静脉曲张

静脉曲张是指由于血液瘀滞、静脉管壁薄弱等因素，导致的静脉迂曲、扩张。

主 要 表 现

表层血管像蚯蚓一样曲张，明显凸出皮肤，曲张呈团状或结节状；腿部有酸胀感，皮肤有色素沉着、脱屑、瘙痒，足踝水肿；肢体有异样的感觉，针刺感、奇痒感、麻木感、灼热感；表面温度升高，有疼痛和压痛感；局部坏疽和溃疡。

✔ **可选品种**

【西药】羟苯磺酸钙胶囊。
【外用】复方七叶皂苷钠凝胶。

👍 **建议选择**

【西药】羟苯磺酸钙胶囊。
【外用】复方七叶皂苷钠凝胶。

骨质疏松

骨质疏松是多种原因引起的一组骨病，骨组织有正常的钙化，钙盐与基质呈正常比例，以单位体积内骨组织量减少为特点的代谢性骨病变。在多数骨质疏松中，骨组织的减少主要由于骨质吸收增多所致。

主要表现

疼痛是原发性骨质疏松症最常见的症状，以腰背痛多见，占疼痛患者中的70%~80%。身长缩短、驼背，多在疼痛后出现。骨折，是退行性骨质疏松症最常见和最严重的并发症。

骨质疏松最主要的治疗方法是补钙及促进钙的吸收，包括口服钙剂、补充维生素 D 等。此外户外运动也是预防和治疗骨质疏松症的好方法。

✅ 可选品种

【西药】维生素 D 滴剂、维生素 D_2 片（胶丸）、三维钙片、碳酸钙片（咀嚼片、颗粒、泡腾颗粒、胶囊）、复方碳酸钙片（咀嚼片、泡腾片）、枸橼酸钙片、葡萄糖酸钙片（胶囊、溶液、含片）、复方葡萄糖酸钙口服溶液、乳酸钙片（咀嚼片、颗粒）、磷酸氢钙片（咀嚼片）、三合钙咀嚼片、葡萄糖酸钙维 D_2 咀嚼片（散）、小儿四维葡钙颗粒（片）、牡蛎碳酸钙胶囊（咀嚼片、颗粒、泡腾片、片）、醋酸钙颗粒。

【中成药】骨疏康颗粒（胶囊）、阿胶强骨口服液、补肾健骨胶囊、地仲强骨胶囊、仙灵骨葆片（胶囊）、肾骨胶囊（散）。

👍 建议选择

【西药】维生素 D 滴剂、维生素 D_2 片（胶丸）、复方碳酸钙片（咀嚼片、泡腾片）、枸橼酸钙片、复方葡萄糖酸钙口服溶液、乳酸钙片（咀嚼片、颗粒）。

风湿病

风湿病是以关节痛、畏风寒为主症的一组极其常见的临床综合征。风湿病是风湿性疾病的简称，泛指影响骨、关节、肌肉及其周围软组织，如滑囊、肌腱、筋膜、血管、神经等一大组疾病。

主要表现

患者可有头痛、发热、微汗、恶风、身重、小便不利、关节酸痛、不能屈伸等症状。关节病变除有疼痛外还伴有肿胀和活动障碍，呈发作与缓解交替的慢性病程。由于患者的血液循环差，导致肌肉或者组织所需要的营养无法通过血液循环来输送，致使患者肌肉缺少营养而加速老化变得僵硬，严重的会导致患者肌肉和血管萎缩，部分患者可出现关节致残和内脏功能衰竭。风湿性疾病多为慢性病，治疗目的是改善疾病预后，保持其关节、脏器的功能，缓解有关症状。

✔ 可选品种

【中成药】华佗风痛宝片（胶囊）、天麻片（胶囊）、风湿液、玄驹胶囊、关通舒口服液（胶囊）、复方伸筋胶囊、复方仙灵风湿酒、追风除湿酒、黑骨藤追风活络胶囊、驱风通络药酒、骨力胶囊、川桂散、九味黑蚁酒、复方川芎酊、复方杜仲强腰酒、祛风通络酒。

【外用】十二味痹通搽剂、痛可舒酊。

👍 建议选择

【**中成药**】华佗风痛宝片（胶囊）、天麻片（胶囊）、风湿液、玄驹胶囊、关通舒口服液（胶囊）、复方伸筋胶囊、复方仙灵风湿酒、追风除湿酒、黑骨藤追风活络胶囊、驱风通络药酒、骨力胶囊、川桂散、九味黑蚁酒、复方川芎酊、复方杜仲强腰酒、祛风通络酒。

（十）皮肤病证

瘙痒症

瘙痒症是一种仅有皮肤瘙痒而无原发性皮肤损害的皮肤病症状。

主要表现

根据皮肤瘙痒的范围及部位，一般分为全身性和局限性两大类。

全身性瘙痒多见于成人，瘙痒常从一处开始，逐渐扩展到全身；常为阵发性，尤以夜间为重，严重者呈持续性瘙痒伴阵发性加剧，饮食、咖啡、茶、情绪变化、辛辣饮食刺激、机械性搔抓、温暖被褥、甚至某种暗示都能促使瘙痒的发作和加重。常继发抓痕、血痂、色素沉着，甚至出现湿疹样变、苔藓样变、脓皮病以及淋巴管炎和淋巴结炎。

局限性包括肛门瘙痒症、阴囊瘙痒症、女阴瘙痒症。肛门瘙痒症多见于中年男性，瘙痒一般局限于肛门及其周围皮肤，有时可蔓延至会阴和阴囊；阴囊瘙痒症主要局限于阴囊，有时也可累及阴茎、会阴和肛门；女阴瘙痒常发生于大小阴唇。

✅ 可选品种

【西药】马来酸氯苯那敏片（控释胶囊）、盐酸异丙嗪片、盐酸赛庚啶片、苯海拉明薄荷脑糖浆、五维甘草那敏胶囊。

【中成药】花蛇解痒胶囊、湿毒清胶囊。

【外用】醋酸氢化可的松软膏、糠酸莫米松乳膏、复方苯海拉明搽剂、维生素E乳膏、复方克罗米通乳膏、炉甘石洗剂、舒肤止痒膏、甘霖洗剂、舒乐搽剂、荆芥地肤止痒搽剂。

👍 建议选择

【西药】马来酸氯苯那敏片（控释胶囊）、盐酸赛庚啶片。

【外用】甘霖洗剂、舒乐搽剂、复方苯海拉明搽剂。

荨麻疹

荨麻疹是由于皮肤、黏膜小血管扩张及渗透性增加而出现的一种局限性水肿反应，通常在2~24小时内消退，但反复发生新的皮疹。

主要表现

疾病于短期内痊愈者，称为急性荨麻疹。若反复发作达每周至少两次并连续6周以上者称为慢性荨麻疹。常先有皮肤瘙痒，随即出现风团，呈鲜红色或苍白色、皮肤色，少数患者有水肿性红斑。风团的大小和形态不一，发作时间不定。风团逐渐蔓延，融合成片，由于真皮乳头水肿，可见表皮囊口向下凹陷。风团持续数分钟至数小时，少数可延长至数天后消退，不留痕迹。皮疹反复成批发生，以傍晚发作者多见。风团常泛发，亦可局限。有时合并血管性水肿，偶尔风团表面形成丘疹。部分患者可伴有恶心、呕吐、头痛、头胀、腹痛、腹泻，严重患者还可有胸闷、不适、面色苍白、心率加速、脉搏细弱、血压下降、呼吸短促等全身症状。

✅ 可选品种

【西药】马来酸氯苯那敏片（控释胶囊）、盐酸异丙嗪片、盐酸赛庚啶片、苯海拉明薄荷脑糖浆、五维甘草那敏胶囊。

【中成药】肤痒冲剂、防风通圣丸、乌蛇止痒丸、荨麻疹丸。

【外用】炉甘石洗剂。

👍 建议选择

【西药】马来酸氯苯那敏片（控释胶囊）、盐酸异丙嗪片、盐酸赛庚啶片、苯海拉明薄荷脑糖浆。

【外用】炉甘石洗剂。

皮　疹

皮疹是一种皮肤病变，从单纯的皮肤颜色改变到皮肤表面隆起或发生水疱等。

主要表现

皮疹的特点是大、小片粒红，有时会痒，有时不会痒。只有局部皮肤颜色变化，既不高起也无凹陷的皮肤损害，称为斑疹。较小的实质性皮肤隆起伴有颜色改变的皮肤损害称为丘疹。胸腹部出现的一种鲜红色、小的、圆形斑疹，压之褪色，称为玫瑰疹，这是对伤寒具有重要诊断价值的特征性皮疹。在斑疹的底盘出现丘疹称为斑丘疹。局部皮肤暂时性的水肿性隆起，大小不等，形态不一，颜色或苍白或淡红，消退后不留痕迹，称为荨麻疹。

✅ 可选品种

【外用】复方樟脑乳膏、复方倍氯米松樟脑乳膏、盐酸四环素软膏、硫软膏、炉甘石洗剂、莫匹罗星软膏、曲安奈德益康唑乳膏、硼酸软膏、氧化锌软膏。

👍 建议选择

【外用】复方樟脑乳膏、复方倍氯米松樟脑乳膏、盐酸四环素软膏、硫软膏、炉甘石洗剂、莫匹罗星软膏、曲安奈德益康唑乳膏、硼酸软膏、氧化锌软膏。

痱 子

痱子是夏季或炎热环境下常见的表浅性、炎症性皮肤病。因在高温闷热环境下，大量的汗液不易蒸发，使角质层浸渍肿胀，汗腺导管变窄或阻塞，导致汗液潴留、汗液外渗周围组织，形成丘疹、水疱或脓疱，好发于皱襞部位。

主要表现

临床上常见有白痱、红痱、脓痱。白痱常见于高热大量出汗、长期卧床、过度衰弱的患者。皮损为针尖至针头大小的浅表性小水疱，壁薄，清亮，周围无红晕，轻擦易破，干涸后留有细小鳞屑。有自限性，一般无自觉症状。红痱急性发病，皮损为成批出现圆而尖形的针头大小的密集丘疹或丘疱疹，周围有轻度红晕。皮损消退后有轻度脱屑。自觉轻度烧灼、刺痒感。脓痱多由红色粟粒疹发展而来。皮损为密集的丘疹顶端有针头大小浅表脓疱。脓疱内常为无菌性或非致病性球菌。

✅ 可选品种

【外用】冰霜痱子粉、痱子粉、热痱搽剂、薄荷麝香草酚搽剂、复方薄荷柳酯搽剂。

👍 建议选择

【外用】冰霜痱子粉、痱子粉。

痤　疮

痤疮是毛囊皮脂腺单位的一种慢性炎症性皮肤病。

主要表现

皮损好发于面部及上胸背部。痤疮的非炎症性皮损表现为开放性和闭合性粉刺。闭合性粉刺（白头）的典型皮损是约 1 毫米大小的肤色丘疹，无明显毛囊开口。开放性粉刺（黑头）表现为圆顶状丘疹伴显著扩张的毛囊开口。粉刺进一步发展会演变成各种炎症性皮损，表现为炎性丘疹、脓疱、结节和囊肿。炎症性皮损消退后常常遗留色素沉着、持久性红斑、凹陷性或肥厚性瘢痕。

✅ 可选品种

【中成药】复方槐花胶囊、当归苦参丸、润燥止痒胶囊、丹参酮胶囊、复方珍珠暗疮片。

【外用】过氧苯甲酰乳膏（凝胶）、克林霉素磷酸酯外用溶液（凝胶）、克林霉素甲硝唑搽剂、维胺酯维 E 乳膏、玫芦消痤膏（外用）、三味肤宝软膏。

👍 建议选择

【外用】过氧苯甲酰乳膏（凝胶）、克林霉素磷酸酯外用溶液（凝胶）、克林霉素甲硝唑搽剂、维胺酯维 E 乳膏。

臭汗症

臭汗症也称狐臭，是指分泌的汗液有特殊的臭味或汗液经分解后产生臭味。

主要表现

多见于多汗、汗液不易蒸发和大汗腺所在的部位，如腋窝、腹股沟、足部、肛周、外阴、脐窝及女性乳房下方等，以足部和腋窝臭汗症最为常见。足部臭汗症常与足部多汗伴发，有刺鼻的臭味，夏天明显。腋窝臭汗症俗称狐臭，是一种特殊的刺鼻臭味，夏季更明显。少数患者的外阴、肛周和乳晕也可散发出此种臭味。多数患者外耳道内有柔软耵聍。患者往往伴有色汗，以黄色居多。

✅ 可选品种

【外用】乌洛托品溶液、足光散。

👍 **建议选择**

【外用】乌洛托品溶液、足光散。

手足皲裂

手足皲裂是指由各种原因引起的手足部皮肤干燥和裂纹，伴有疼痛，严重者可影响日常生活和工作。

🔲 **主 要 表 现**

手足皲裂好发于秋冬季节。分布于指屈侧、手掌、足跟、足跖外侧等角质层增厚或经常摩擦的部位，沿皮纹发展的深浅、长短不一的裂隙，皮损可从无任何感觉到轻度刺痛或中度触痛，乃至灼痛并伴有出血。

✅ **可选品种**

【外用】尿素软膏、桉油尿素乳膏、薄荷尿素贴膏、硼砂甘油钾溶液、紫归治裂膏、参皇软膏。

👍 **建议选择**

【外用】尿素软膏。

疖

疖是一种化脓性毛囊及毛囊深部周围组织的感染，相邻近的多个毛囊感染、炎症融合形成的叫痈。

主要表现

疖一般发生在头、面、颈部、肩背部、臀部。最初，局部出现红、肿、痛的小结节，之后逐渐肿大，呈锥形隆起。数日后，结节中央因组织坏死而变软，出现黄白色小脓栓；红、肿、痛范围扩大。再数日后，脓栓脱落，排出脓液，炎症便逐渐消失而愈。

✅ **可选品种**

【外用】复方氧化锌软膏、葡萄糖酸氯己定软膏、如意金黄散、三黄膏、紫草膏、龙珠软膏、泻毒散、鱼石脂软膏。

👍 **建议选择**

【外用】复方氧化锌软膏、葡萄糖酸氯己定软膏、鱼石脂软膏。

冻 疮

冻疮常见于冬季，由于气候寒冷引起的局部皮肤反复红斑、肿胀性损害，严重者可出现水疱、溃疡，病程缓慢，气候转暖后自愈，易复发。

主要表现

冻疮好发于初冬、早春季节，以儿童、妇女和末梢血液循环不良者多见，这些患者常伴有肢体末端皮肤发凉、肢端发绀、多汗等表现。皮损好发于手指、手背、面部、耳廓、足趾、足缘、足跟等处，常两侧分布。常见损害为局限性淤血性暗紫红色隆起的水肿性红斑，境界不清，边缘呈鲜红色，表面紧张有光泽，质柔软。局部按压可褪色，去压后红色逐渐恢复。严重者可发生水疱，破裂形成糜烂或溃疡，愈后存留色素沉着或萎缩性瘢痕。痒感明显，遇热后加剧，溃烂后疼痛。

✔ 可选品种

【外用】肌醇烟酸酯软膏、冻疮膏、复方三七冻疮软膏、如意油、冻疮未溃膏。

👍 建议选择

【外用】肌醇烟酸酯软膏、冻疮膏。

（十一）足部病证

足　癣

脚气系真菌感染引起，其皮肤损害往往是先单侧（即单脚）发生，数周或数月后才感染到对侧。水疱主要出现在趾腹和趾侧，最常见于三四趾间，足底亦可出现，为深在性小水疱，可逐渐融合成大疱。足癣的皮肤损害有一特点，即边界清楚，可逐渐向外扩展。因病情发展或搔抓，可出现糜烂、渗液，甚或细菌感染，出现脓疱等。

主要表现

可分为干性和湿性两种类型。干性主要是脚底皮肤干燥、粗糙、变厚、脱皮、冬季易皲裂；湿性主要表现是脚趾间有小水疱、糜烂、皮肤湿润、发白，擦破老皮后见潮红，渗出黄水。两者都具有奇痒特征，也可两者同时存在，反复发作，春夏加重，秋冬减轻。

✅ 可选品种

【外用】复方联苯苄唑溶液、复方硝酸益康唑软膏、硝酸咪康唑溶液、盐酸特比萘芬搽剂（喷雾剂、散、溶液、凝胶、乳膏）、水杨酸复合洗剂、克霉唑乳膏（喷雾剂）、硝酸咪康唑乳膏、复方十一烯酸锌曲安奈德软膏、复方水杨酸搽剂（溶液）、复方水杨酸冰片软膏、复方苯甲酸酊、复方克霉唑软膏（溶液）、水杨酸软膏（溶液）、硝酸益康唑软膏（喷剂、溶液）、酮康唑乳膏、复方苦参水杨酸散、盐酸布替萘芬搽剂（乳膏）、复方水杨酸樟碘溶液、复方氧化锌水杨酸散、复方益康唑氧化锌撒粉、水杨酸苯佐卡因软膏、水杨酸氧化锌软膏、复方水杨酸苯甲酸搽剂、复方五倍子水杨酸搽剂、复方酮康唑软膏、曲安奈德益康唑乳膏、鞣柳硼三酸散、复方阿司匹林搽剂、复方间苯二酚水杨酸酊、卡苯达唑乳膏、联苯苄唑乳膏（凝胶、溶液）、珊瑚癣净、脚气散、清肤止痒酊、足光散、复方土槿皮酊、紫椒癣酊。

👍 建议选择

【外用】复方硝酸益康唑软膏、硝酸咪康唑溶液、益康唑软膏（喷剂、溶液）、酮康唑乳膏、复方酮康唑软膏、曲安奈德益康唑乳膏、硝酸咪康唑乳膏、足光散。

鸡　眼

鸡眼是足部皮肤局部长期受压和摩擦引起的局限性、圆锥状角质增生。

主要表现

皮损为圆形或椭圆形的局限性角质增生，针头至蚕豆大小，呈淡黄或深黄色，表面光滑与皮面平或稍隆起，境界清楚，中心有倒圆锥状角质栓嵌入真皮。因角质栓尖端刺激真皮乳头部的神经末梢，站立或行走时引起疼痛。鸡眼好发于足跖前中部第3跖骨头处、拇趾胫侧缘，也见于小趾及第2趾跖骨或趾间等突出及易受摩擦部位。

✅ 可选品种

【外用】尿素贴膏、水杨酸苯酚贴膏。

👍 建议选择

【外用】尿素贴膏、水杨酸苯酚贴膏。

甲　癣

甲真菌病是由皮癣菌、酵母菌及非皮癣菌等真菌引起的趾甲感染。甲真菌常见两型：真菌性白甲（浅表性白色甲真菌病），此型病损局限于甲面一片或其尖端；甲下真菌病，又分远端侧位型、近端甲下型及浅表白色型，此型病变从甲的两侧或远端开始，继而甲板下发生感染。

主要表现

甲下型甲癣常从甲板两侧或末端开始，多先有轻度甲沟炎，后来逐渐变成慢性或渐趋消退。甲沟炎可引起甲面有凹点或沟纹，持续不变或渐累及甲根。一旦甲板被感染，即可形成裂纹、变脆或增厚，呈棕色或黑色。本型常见因甲下角蛋白及碎屑沉积，致甲变松及甲浑浊肥厚。

真菌性白甲（浅表性白色甲癣）为甲板表面一个或多个小的浑浊区，外形不规则，可逐渐波及全甲板，致甲面变软、下陷。无任何症状，无甲沟炎，常于甲床皱襞皮肤处见有脱屑。

白色念珠菌引起的甲癣，多合并甲沟炎，起于两侧甲皱襞，可有皮肤红肿、积脓、压痛。附近的甲变为暗色，高起，并与其下的甲床分离，其后波及整个甲板。

✅ 可选品种

【外用】复方联苯苄唑溶液、复方硝酸益康唑软膏、硝酸咪康唑溶液、盐酸特比萘芬搽剂（喷雾剂、散、溶液、凝胶、乳膏）、水杨酸复合洗剂、克霉唑乳膏（喷雾剂）、硝酸咪康唑乳膏、复方十一烯酸锌曲安奈德软膏、复方水杨酸搽剂（溶液）、复方水杨酸冰片软膏、复方苯甲酸酊、复方克霉唑软膏（溶液）、水杨酸软膏、硝酸益康唑软膏（喷剂、溶液）、酮康唑乳膏、复方苦参水杨酸散、盐酸布替萘芬搽剂（乳膏）、复方水杨酸樟碘溶液、复方氧化锌水杨酸散、复方益康唑氧化锌撒粉、水杨酸苯佐卡因软膏、水杨酸氧化锌软膏、复方水杨酸苯甲酸搽剂、复方五倍子水杨酸搽剂、复方酮康唑软膏、曲安奈德益康唑乳膏、鞣柳硼三酸散、复方阿司匹林搽剂、复方间苯二酚水杨酸酊、卡苯达唑乳膏、联苯苄唑乳膏（凝胶、溶液）、百癣夏塔热片、珊瑚癣净、脚气散、清肤止痒酊、足光散、复方土槿皮酊、紫椒癣酊。

👍 建议选择

【外用】复方硝酸益康唑软膏、硝酸咪康唑溶液、益康唑软膏（喷剂、溶液）、酮康唑乳膏、复方酮康唑软膏、曲安奈德益康唑乳膏、硝酸咪康唑乳膏、足光散。

（十二）小儿常见病证

小儿感冒

小儿感冒是由各种病原引起的上呼吸道炎症，简称上感，俗称"感冒"，是小儿最常见的疾病。该病主要侵犯鼻、鼻咽和咽部。

主要表现

由于年龄大小、体质强弱及病变部位的不同，病情的缓急、轻重程度也不同。年长儿症状较轻，婴幼儿则较重。局部症状鼻塞、流涕、喷嚏、干咳、咽部不适和咽痛等，多在3~4天内自然痊愈。全身症状有发热、烦躁不安、头痛、全身不适、乏力等。部分患儿有食欲不振、呕吐、腹泻、腹痛等消化道症状。腹痛多为脐周阵发性疼痛，无压痛，可能为肠痉挛所致；如腹痛持续存在，多为并发急性肠系膜淋巴结炎。小儿感冒比较常见，如果治疗不当，会引起并发症，并发症可能比较严重，多半是合并细菌感染，如化脓性扁桃体炎、肺炎等，表现为高热、咳脓痰等，应去医院进行治疗。

✔ 可选品种

【西药】复方锌布颗粒、氨咖愈敏溶液、美敏伪麻口服液、儿童科达琳、小儿氨咖黄敏颗粒、小儿氨酚黄那敏颗粒、氨金黄敏颗粒、小儿复方氨酚烷胺片。

【中成药】小儿热速清口服液、小儿感冒颗粒、小儿七星茶（颗粒）、儿感退热宁口服液、小儿风热清口服液、小儿解表颗粒、解表清肺丸、疏清颗粒、小儿退热口服液、小儿清热止咳口服液、小儿双金清热口服液、小儿柴芩清解颗粒。

【外用】双黄连栓、复方小儿退热栓。

👍 建议选择

【西药】复方锌布颗粒、氨咖愈敏溶液、美敏伪麻口服液、儿童科达琳、小儿氨咖黄敏颗粒、小儿氨酚黄那敏颗粒、氨金黄敏颗粒、小儿复方氨酚烷胺片。

小儿咳嗽

咳嗽是一种防御性反射运动，可以阻止异物吸入，防止支气管分泌物的积聚，清除分泌物避免呼吸道继发感染。任何病因引起呼吸道急、慢性炎症均可引起咳嗽。秋冬季是儿童呼吸道疾病的高发季节，咳嗽是最为常见的症状之一。

主要表现

特异性咳嗽指咳嗽伴有能够提示特异性病因的其他症状或体征，即咳嗽是这些诊断明确的疾病的症状之一。例如咳嗽伴随呼气性呼吸困难、听诊有呼气相延长或哮鸣音者，往往提示胸内气道病变，如气管、支气管炎、哮喘、先天性气道发育异常等；伴随呼吸急促、缺氧或发绀者提示肺部炎症；伴随生长发育障碍、杵状指（趾）者往往提示严重慢性肺部疾病及先天性心脏病等；伴随有脓痰者提示肺部炎症、支气管扩张等；伴随咯血者提示严重肺部感染、肺部血管性疾病、肺含铁血黄素沉着症或支气管扩张等。非特异性咳嗽指咳嗽为主要或唯一表现，胸 X 线片未见异常的慢性咳嗽。儿童非特异性咳嗽的原因具有年龄特点，需要仔细的系统评估、详尽的病史询问和体格检查，对这类患儿需要做胸 X 线片检查，年龄适宜者应做肺通气功能检查。

✅ 可选品种

【西药】愈美颗粒、小儿愈美那敏溶液、喷托维林氯化铵糖浆、复方氨酚美沙糖浆、复方桔梗麻黄碱糖浆（Ⅱ）。

【中成药】小儿咳喘宁糖浆、小儿止咳糖浆、小儿咳喘灵冲剂（口服液）、解肌宁嗽丸（片、口服液）、小儿止嗽糖浆、小儿化痰止咳颗粒、小儿清肺化痰颗粒、小儿解表止咳口服液、儿咳糖浆。

👍 建议选择

【西药】愈美颗粒、小儿愈美那敏溶液、喷托维林氯化铵糖浆、复方氨酚美沙糖浆、复方桔梗麻黄碱糖浆（Ⅱ）。

小儿厌食症

小儿厌食症是指长期的食欲减退或消失、以食量减少为主要症状，是一种慢性消化功能紊乱综合征，是儿科常见病、多发病，1~6 岁小儿多见，且有逐年上升趋势。

主要表现

长期的食欲减退或消失、食量减少为主要症状，1~6 岁小儿多见。严重者可导致营养不良、贫血、佝偻病及免疫力低下，出现反复呼吸道感染，对儿童生长发育、营养状态和智力发展也有不同程度的影响。

✅ 可选品种

【中成药】小儿消食片、小儿健胃糖浆、婴儿健脾口服液、小儿胃宝丸（片）、儿宝膏（颗粒）、小儿七星茶冲剂（糖浆）、小儿复方鸡内金散、小儿消食健胃丸、小儿增食丸、龙牡壮骨颗粒、参苓健儿膏、肥儿糖浆、保儿宁颗粒（糖浆）、健儿消食口服液（合剂）、健儿散、健脾康儿片、开胃消食口服液、小儿健脾口服液、健儿口服液、小儿健脾开胃合剂、小儿磨积片、山葛开胃口服液、小儿厌食口服液、小儿健胃宁口服液、醒脾养儿颗粒、小儿化滞健脾丸、肥儿口服液、食积口服液、小儿健脾养胃颗粒、健脾消食丸。

👍 建议选择

【中成药】小儿消食片、小儿七星茶冲剂（糖浆）、龙牡壮骨颗粒。

小儿疳积

疳积是由于喂养不当，或其他疾病的影响，致使脾胃功能受损，气液耗伤而逐渐形成的一种慢性病症。临床以形体消瘦，饮食异常，面黄发枯，精神萎靡或烦躁不安为特征。本病发病无明显季节性，5 岁以下小儿多见。

主要表现

形体消瘦，重者干枯羸瘦，饮食异常，大便干稀不调，腹胀，面色不华，毛发稀疏枯黄，烦躁不宁或萎靡不振，揉眉擦眼，吮指，磨牙。

✅ 可选品种

【中成药】小儿疳积糖、肥儿宝颗粒、肥儿疳积颗粒、健儿糖浆、山楂内金口服液、健脾消疳丸、小儿健脾平肝颗粒、醒脾养儿胶囊。

👍 建议选择

【中成药】小儿疳积糖、山楂内金口服液、健脾消疳丸、小儿健脾平肝颗粒、醒脾养儿胶囊。

小儿遗尿症

小儿遗尿症是指 5 岁以上的小儿不能自主控制排尿，经常睡中小便自遗，醒后方觉的一种病症。

主要表现

临床可分为原发性遗尿和继发性遗尿两种，前者是指持续的或持久的遗尿，其间控制排尿的时期从未超过一年；后者是指小儿控制排尿至少 1 年，但之后又出现遗尿。小儿遗尿症大多数属于功能性的。其症状与白天疲劳程度、家庭环境、对新环境的适应性等因素有关。合理安排小儿饮水和训练小儿排尿对遗尿症患儿来说十分重要。

✅ 可选品种

【中成药】夜尿宁丸、健脾止遗片。

👍 建议选择

【中成药】夜尿宁丸、健脾止遗片。

小儿腹泻

小儿腹泻是多病原、多因素引起的以腹泻为主的一组疾病。病原可由病毒（主要为人类轮状病毒及其他肠道病毒）、细菌（致病性大肠埃希氏菌、产毒性大肠埃希氏菌、出血性大肠埃希氏菌、侵袭性大肠埃希氏菌以及鼠伤寒沙门氏菌、空肠弯曲菌、耶氏菌、金黄色葡萄球菌等）、寄生虫、真菌等引起。肠道外感染、滥用抗生素所致的肠道菌群紊乱、过敏、喂养不当及气候因素也可致病，是 2 岁以下婴幼儿的常见病。

主 要 表 现

轻型腹泻，起病可缓可急，以胃肠道症状为主，食欲不振，偶有溢乳或呕吐，大便次数增多（每天 3~10 次）及性状改变，无脱水全身酸中毒症状，多在数日内痊愈，常由饮食因素及肠道外感染引起。佝偻病或营养不良患儿，腹泻虽轻，但常迁延，可继发其他疾病。患儿可表现为无力、苍白、食欲低下。大便镜检可见少量白细胞。

重型腹泻常急性起病，也可由轻型逐渐加重、转变而来，除有较重的胃肠道症状外，还有较明显的脱水、电解质紊乱和全身中毒症状（发热、烦躁、精神萎靡、嗜睡甚至昏迷、休克），多由肠道内感染引起。

可选品种

【西药】盐酸小檗碱片、鞣酸蛋白片、鞣酸蛋白酵母散、鞣酸苦参碱片、双歧三联活菌胶囊、枯草杆菌、肠球菌二联活菌多维颗粒、蒙脱石散。

【中成药】小儿泻速停颗粒、婴儿健脾颗粒、小儿渗湿止泻散。

【外用】小儿腹泻贴、丁桂儿脐贴。

👍 **建议选择**

【西药】盐酸小檗碱片、双歧三联活菌胶囊、口服双歧杆菌、乳杆菌、嗜热链球菌三联活菌片（金双歧）、枯草杆菌、肠球菌二联活菌多维颗粒、蒙脱石散。

【外用】丁桂儿脐贴。

（十三）全身病证

发　热

由各种原因引起体温调节中枢的功能障碍，体温升高超出正常范围，腋窝体温（检测 10 分钟）超过 37.3℃可定为发热、发热分为四度：低热为 37.3℃ ~38℃ ；中等发热为 38.1℃ ~39℃ ；高热为 39.1℃ ~40.0℃ ；超高热为 40.0℃以上。

主要表现

人的正常体温在 37.2℃左右，体温超过 38.5℃（成年人）或 39℃（儿童），需引起重视。如体温超过 40℃（小儿超过 39℃）则可能引起头晕、惊厥、休克，甚至严重后遗症，故应及时就医。高热持续不退；高热突然下降到正常体温以下；卧床不起的发热；发热伴有异常消瘦；发热伴有呼吸困难；发热伴身上长疮；发热伴有尿量减少；发热患者神志不清；发热患者面色发青灰色、土黄色等等，以上情况，常是病重的信号，应及时送医院救治。

✔ 可选品种

【西药】阿司匹林维C肠溶胶囊（片）、复方阿司匹林双层片、阿司匹林咀嚼片、对乙酰氨基酚片（咀嚼片、缓释片、分散片、胶囊、干混悬剂、凝胶、口服液、丸、糖浆、颗粒）、复方对乙酰氨基酚片、复方对乙酰氨基酚片（Ⅱ）、阿苯片、阿苯糖丸、牛磺酸片（散、颗粒、胶囊）、贝诺酯片（颗粒）、小儿贝诺酯散、小儿贝诺酯B_1颗粒、小儿复方贝诺酯咀嚼片、布洛芬片（胶囊、缓释片、缓释胶囊、泡腾片）、布洛芬颗粒、阿酚咖敏片、小儿氨酚匹林咖啡因片、小儿氨酚匹林片。

👍 建议选择

【西药】对乙酰氨基酚片（咀嚼片、缓释片、分散片、胶囊、干混悬剂、凝胶、口服液、丸、糖浆、颗粒）、布洛芬片（胶囊、缓释片、缓释胶囊、泡腾片）、布洛芬颗粒。

感　冒

感冒是包括鼻腔、咽或喉部急性炎症的总称。感冒习惯上分为病毒性感冒和细菌性感冒。病毒性感冒包括：普通流感、流行性感冒（简称流感）和病毒性咽炎、急性病毒性喉炎等。细菌性感冒包括细菌性咽扁桃体炎等。

主要表现

起病较急，潜伏期1~3天不等。主要表现为鼻部症状，如喷嚏、鼻塞、流清水样鼻涕，也可表现为咳嗽、咽干、咽痒或灼热感，甚至鼻后滴漏感。发病同时或数小时后可有喷嚏、鼻塞、流清水样鼻涕等症状。2~3天后鼻涕变稠，常伴咽痛、流泪、味觉减退、呼吸不畅、声嘶等。一般无发热及全身症状，或仅有低热、不适、轻度畏寒、头痛。体检可见鼻腔黏膜充血、水肿、有分泌物，咽部轻度充血。治疗药物种类有西药和中成药，如选择中成药，必须分辨清楚风寒感冒和风热感冒进行辩证用药。

✅ 可选品种

【**西药**】复方盐酸伪麻黄碱缓释胶囊、布洛伪麻片（胶囊、分散片）、复方布洛伪麻缓释片、复方酚咖伪麻胶囊、复方氨酚烷胺胶囊（颗粒、片）、复方氨酚葡锌片、复方锌布颗粒、愈酚伪麻片（颗粒）、氨酚伪麻美芬片Ⅱ/氨麻苯美片、氨酚伪麻咀嚼片（颗粒）、氨酚伪麻那敏片、双扑伪麻分散片（胶囊）、贝敏伪麻片、氨酚咖那敏片、阿酚咖敏片、羚黄氨咖敏片、酚麻美敏胶囊（片）、美愈伪麻口服溶液、柳酚咖敏片、氨酚烷胺那敏胶囊、小儿氨咖黄敏颗粒、酚咖麻敏胶囊、复方氨酚那敏颗粒、复方银翘氨敏胶囊、小儿氨酚黄那敏颗粒（片）。

【**中成药**】风寒感冒冲剂、感冒清热颗粒（口服液、胶囊）、风热感冒冲剂、羚翘解毒丸（颗粒、片、口服液）、桑菊感冒片（颗粒、糖浆、合剂、丸、散）、银翘解毒片（颗粒、胶囊、合剂、丸、液、软胶囊）、午时茶颗粒、柴胡口服液（滴丸）、板蓝根颗粒（片、胶囊、口服液）、双黄连口服液（颗粒、片、糖浆、胶囊、合剂、软胶囊）、藿香正气水（颗粒、软胶囊、口服液、片、合剂、胶囊、浓缩丸、滴丸）、三金感冒片、小柴胡片（颗粒、泡腾片）、六和茶、加味银翘片、加味藿香正气丸、玉叶解毒颗粒、复方板蓝根颗粒、桂枝颗粒、清开灵片（软胶囊、口服液、胶囊、滴丸、颗粒）、清热解毒口服液（胶囊、颗粒、软胶囊）、抗病毒口服液（颗粒）、柴黄颗粒（片）、连花清瘟胶囊。

【**外用**】清凉油、二天油、太阳膏、四季油。

👍 **建议选择**

【西药】复方盐酸伪麻黄碱缓释胶囊、布洛伪麻片（胶囊、分散片）、复方布洛伪麻缓释片、氨酚伪麻美芬片Ⅱ/氨麻苯美片、氨酚伪麻那敏胶囊。

【中成药】双黄连口服液（颗粒、片、糖浆、胶囊、合剂、软胶囊）、藿香正气水（颗粒、软胶囊、口服液、片、合剂、胶囊、浓缩丸、滴丸）。

眩　晕

眩晕是目眩和头晕的总称，以眼花、视物不清和昏暗发黑为眩；以视物旋转，或如天旋地转不能站立为晕，因两者同时出现，所以称为眩晕。

主要表现

周围性眩晕为剧烈旋转性，持续时间短，头位或体位改变可使眩晕加重；眼球震颤与眩晕发作同时存在，数小时或数日后眼震可减退或消失；出现平衡障碍，多为旋转性或上下左右摇摆运动感，站立不稳，自发倾倒；还会出现恶心、呕吐、出汗及面色苍白等自主神经症状，常伴耳鸣、听觉障碍，而无脑功能损害。

中枢性眩晕的眩晕程度相对地轻些，持续时间长，与头部或体位改变无关；眼球震颤明显，可以长期存在而强度不变；平衡障碍表现为旋转性或向一侧运动感，站立不稳；自主神经症状不如周围性明显，无听觉障碍，可伴有脑功能损害。

✔ **可选品种**

【西药】茶苯海明含片、苯巴比妥东莨菪碱片。

【中成药】脑立清丸（胶囊）、清眩丸、全天麻胶囊、枸杞膏、仙桂胶囊、天麻祛风补片、眩晕宁片、清热明目茶、止眩安神颗粒、晕宁软膏、槐菊颗粒。

【外用】复方氢溴酸东莨菪碱贴膏。

👍 建议选择

【西药】茶苯海明含片。

【中成药】脑立清丸（胶囊）。

失　眠

失眠是一种持续相当长时间的睡眠的质和（或）量令人不满意的状况，常表现为难以入睡、不能入睡、维持睡眠困难、过早或者间歇性醒而引致睡眠不足。

主要表现

上床难以入睡；或早醒或睡眠期间间断多醒；或多梦、做噩梦，似睡非睡；或通宵难眠。引起失眠常见的原因有心理因素、生理因素、药物因素、生活环境因素等。治疗上运用宁心安神、补益心脾、调理气血、解郁开窍的药物缓解失眠状态。

✅ 可选品种

【西药】谷维素片、天麻素片、乙酰天麻素片、复方刺五加硫胺片。

【中成药】复方五味子片（糖浆）、养血安神丸（片、糖浆、颗粒）、枣仁安神颗粒、脑乐静、人参珍珠口服液、五加片、五味子糖浆（颗粒）、天王补心液、安尔眠糖浆、安神宁、安神补心颗粒（丸、片、胶囊）、安神补脑液、安神养心丸、安神胶囊、安神糖浆、灵芝片（口服液、颗粒、胶囊、糖浆）、灵芝北芪片、参芪五味子糖浆、参茸安神片（丸）、夜宁颗粒（糖浆）、养心宁神丸、复方五味子酊、复方枣仁胶囊、柏子滋心丸、七叶神安片、宁心安神胶囊、安眠补脑糖浆（口服液）、健脑灵片、景志安神口服液、利尔眠胶囊、复方天麻颗粒、清心沉香八味散、七生静片、五味健脑口服液、心神宁片、安神补脑片、补脾安神合剂、参芝安神口服液、珍珠粉胶囊、益气安神片、舒心安神口服液、龙枣胶囊、安神养血口服液、补肾安神口服液、参枣健脑口服液、眠安康口服液、八味地黄宁心口服液、五参安神口服液、双参益神颗粒、心神安胶囊、宁心益智口服液、灵芝红花安神口服液、参乌安神口服液、参茯益气安神合剂、枣参安神胶囊、养心丸、复方洋参王浆胶囊、柏黄静神丸、益肾安神膏、珍苓解郁胶囊。

👍 建议选择

【西药】谷维素片、天麻素片。

【中成药】养血安神丸（片、糖浆、颗粒）、枣仁安神颗粒、景志安神口服液、安神养血口服液。

燥　热

燥热又称燥火，身体感受到燥气，津液耗伤，以致化热化火。

主要表现

燥邪致病，易伤津液，表现为体表肌肤和体内脏腑缺乏津液，干枯不润，症状有干咳少痰、咽干、口鼻干燥、声音嘶哑、皮肤干燥皲裂、毛发不荣等，治疗以清热生津为主。

✅ 可选品种

【中成药】余甘子喉片、二母宁嗽片、润肺化痰丸、玄麦甘桔颗粒（胶囊）、金果含片、金鸣片、含化上清片。

👍 建议选择

【中成药】余甘子喉片、二母宁嗽片、润肺化痰丸、玄麦甘桔颗粒（胶囊）、金果含片、金鸣片、含化上清片。

中　暑

中暑是指因高温引起的人体体温调节功能失调，体内热量过度积蓄，从而引发神经器官受损。热射病在中暑的分级中就是重症中暑，是一种致命性疾病，病死率高。该病通常发生在夏季高温同时伴有高湿的天气。

主要表现

中暑是一种致命性急症，以高温和意识障碍为特征。先兆中暑为在高温的条件下，出现头痛、头晕、口渴、多汗、四肢无力发酸、注意力不集中等。轻度中暑时，体温一般在 38℃以上。头晕、口渴、面色潮红、大量出汗，或者四肢湿冷、面色苍白、血压下降、脉搏增快等。总之，遇到高温天气，一旦出现大汗淋漓、神志恍惚时，要注意降温。如高温下出现昏迷的现象，应立即将昏迷人员转移至通风阴凉处，冷水反复擦拭皮肤，随后要持续监测体温变化，若高温持续应马上送至医院进行治疗，千万不可以为是普通中暑而小视，耽误治疗时间。

✅ 可选品种

【中成药】复方乌梅祛暑颗粒、山茄子清凉颗粒、六一散、六神祛暑水、无极丸、仁丹、龙虎人丹、清热祛湿颗粒。

【外用】正金油。

👍 建议选择

【中成药】无极丸、仁丹。

【外用】正金油。

烧　伤

烧烫伤是生活中常见的意外伤害，沸水、滚粥、热油、热蒸气的烧烫是常会发生的事。对某些烧烫伤，如果处理及时，就不会导致不良的后果。

主要表现

烧烫伤的严重程度主要根据烧烫伤的部位、面积大小和烧烫伤的深浅度来判断。烧烫伤在头面部，或虽不在头面部，但烧烫伤面积大、深度深的，都属于严重者。烧烫伤按深度，一般分为三度：一度烧烫伤，只伤及表皮层，受伤的皮肤发红、肿胀，觉得火辣辣的痛，但无水疱出现。二度烧烫伤，伤及真皮层，局部红肿、发热，疼痛难忍，有明显水疱。三度烧烫伤，全层皮肤包括皮肤下面的脂肪、骨和肌肉都受到伤害，皮肤焦黑、坏死，这时反而疼痛不剧烈，因为许多神经也都一起被损坏了。

对一度烧烫伤，应立即将伤口处浸在凉水中进行"冷却治疗"，它有降温、减轻余热损伤、减轻肿胀、止痛、防止起疱等作用，如有冰块，把冰块敷于伤口处效果更佳。"冷却"30分钟左右就能完全止痛。随后用鸡蛋清、万花油或烫伤膏涂于烫伤部位，这样只需 3~5 天便可自愈。二度、三度烧伤要立即就医。

✅ 可选品种

【外用】磺胺嘧啶银乳膏、醋酸氯己定涂膜、醋酸氯己定乳膏、盐酸金霉素软膏、复方氧化锌软膏、甲硝唑氯己定软膏、京万红软膏、烧伤喷雾剂、复方紫草油、烧烫伤膏、创灼膏、紫花烧伤膏、复方樟脑软膏。

👍 建议选择

【外用】磺胺嘧啶银乳膏、醋酸氯己定涂膜、醋酸氯己定乳膏、盐酸金霉素软膏、复方氧化锌软膏、甲硝唑氯己定软膏。

蚊虫叮咬

蚊子属于昆虫纲双翅目蚊科，全球约有 3000 种，是一种具有刺吸式口器的纤小飞虫。通常雌性以血液作为食物，而雄性则吸食植物的汁液。吸血的雌蚊是登革热、疟疾、黄热病、丝虫病、日本脑炎等其他病原体的中间寄主。

主要表现

在虫咬皮炎中蚊虫叮咬引起的皮炎是最常见的。蚊虫通过其口器刺伤皮肤，其唾液或毒液侵入皮肤，由于蚊虫的唾液或毒腺的浸出液中含有多种抗原成分，这些抗原在进入人体皮肤后可与抗体产生变应性反应而引起炎症。严重时会出现局部产生大疱、出血性坏死等严重反应，是夏季皮肤科常见病症。

✅ **可选品种**

【外用】风油精、黄花油、白树油、和兴白花油、虎标万金油。

👍 **建议选择**

【外用】风油精、黄花油、白树油、和兴白花油、虎标万金油。

气虚证

气虚指元气不足，气的推动、固摄、防御、气化等功能减退，或脏器组织功能减退的证候。

主要表现

以气短、乏力、神疲、脉虚等为主要表现。

✅ **可选品种**

【中成药】补中益气丸（片、合剂、膏、口服液）、参苓白术散（胶囊、颗粒、口服液、丸）、人参健脾丸、人参北芪片、人参补气胶囊、卫生培元丸、玉屏风颗粒（口服液）、五加参精（颗粒）、北芪五加片、四君子丸（合剂）、玉竹颗粒（膏）、灵芝益寿胶囊、参芪片（丸、膏、糖浆、颗粒）、参芪五味子片、参茸三肾散（胶囊）、金水宝片（胶囊、口服液）、黄芪颗粒、肠泰合剂、黄芪建中丸、西洋参胶囊（颗粒）、振源口服液、肝舒宁颗粒、四味益气胶囊、红芪口服液、生脉饮（颗粒）。

👍 **建议选择**

【中成药】补中益气丸（片、合剂、膏、口服液）、玉屏风颗粒（口服液）、百令胶囊、生脉饮（颗粒）。

血虚证

血虚指血液亏少，不能濡养脏腑、经络、组织的证候。

主要表现

以面白、舌淡、脉细等为主要表现的虚弱证候。

✅ 可选品种

【中成药】四物合剂、补肾养血丸、参茸三七补血片、驴胶补血颗粒、回春如意胶囊、健脾生血片、速溶阿胶颗粒、四物膏、宁神补心片、养血生发胶囊、当归养血口服液、养血荣发颗粒、复方和血丸。

👍 建议选择

【中成药】四物合剂。

气血两亏

气血两亏是指素体脾胃虚弱，或饮食不节，或久病大病失养，亦或因产时产后，致气血两虚所表现出来的证候。

主要表现

头晕目眩，少气懒言，乏力自汗，面色微黄，四肢乏力，舌淡苔白，脉细弱一类病证。

✅ 可选品种

【中成药】八珍丸（胶囊、颗粒、膏）、人参养荣丸（膏）、阿胶补血膏（颗粒、口服液）、人参归脾丸、十全大补丸（膏、颗粒、片、口服液、糖浆、合剂）、阿胶养血颗粒（糖浆、口服液）、人参当归颗粒、人参补膏、人参首乌胶囊、人参鹿茸丸、卫生丸、大补元煎丸、大补药酒、五加参归芪精、升气养元糖浆、升血灵颗粒、升血膏、气血双补丸、加味归芪片、人参天麻药酒、长春益寿膏、归芪口服液、归参补血片、归脾丸（片、合剂、膏）、生血片、田七补丸、壮腰补肾丸、当归补血丸（口服液）、当归益血膏、至宝灵芝酒、两仪膏、杜仲补腰合剂、灵芝桂圆酒、肝精补血素口服液、补血当归精、阿胶三宝膏、阿胶当归合剂、阿胶益寿口服液、龟鹿补肾丸（胶囊、口服液）、参芪乌鸡养血膏、参芪首乌补汁、参茸三七酒、参茸片（丸、口服液、颗粒）、参桂养荣丸、参桂鹿茸丸、绍兴大补酒、养心定悸口服液、养血饮口服液、鱼鳔丸、养荣丸、复方扶芳藤合剂（胶囊）、复方阿胶浆（胶囊、颗粒）、复方刺五加片、复方蛤蚧口服液、血速升颗粒、参芪鹿茸口服液、参鹿健肺胶囊、复方阿胶补血颗粒、鹿茸洋参片、归圆口服液、龙参补益膏、灵芝双参口服液、十八味人参补气膏、升气血口服液、六味补血颗粒、气血双生合剂、归芪补血口服液、补血安神胶囊、复方黄芪益气口服液、珍芪补血口服液、养血口服液。

👍 建议选择

【中成药】八珍丸（胶囊、颗粒、膏）、阿胶补血膏（颗粒、口服液）、人参归脾丸、十全大补丸（膏、颗粒、片、口服液、糖浆、合剂）、复方扶芳藤合剂（胶囊）。

阴虚证

阴虚证是机体阴液亏损的证候。

主要表现

　　表现为腰膝酸软，夜间盗汗，虚烦失眠，手足心热，口鼻干燥，干咳少痰或痰中带血，大便干燥，舌红少苔，脉细或细数。

✅ 可选品种

　　【中成药】六味地黄丸（片、胶囊、颗粒、膏、口服液）、知柏地黄丸（片、颗粒）、人参固本丸（口服液）、大补阴丸、左归丸、肝肾膏、麦味地黄丸、龟甲胶颗粒、乌发丸、补益地黄丸、龟蛇酒、参麦地黄丸、参麦颗粒、固本丸、固本延龄丸、河车补丸、复方首乌地黄丸、复方首乌口服液、复方鲜石斛颗粒、杞菊地黄合剂、苁黄补肾丸、黄精养阴糖浆、槐杞黄颗粒、阿胶珍珠膏、复方蜂王精胶囊、铁皮枫斗胶囊、生脉饮（颗粒）、参花消渴茶。

👍 建议选择

　　【中成药】六味地黄丸（片、胶囊、颗粒、膏、口服液）、知柏地黄丸（片、颗粒）、大补阴丸、左归丸。

阳虚证

阳虚证是机体阳气不足的证候。

主 要 表 现

以畏寒肢冷等为主要表现的虚寒证候。

✅ **可选品种**

【中成药】桂附地黄丸（片、胶囊、口服液）、附子理中丸（片）、全鹿丸（片）、肾宝合剂、鱼鳔补肾丸、益肾兴阳胶囊、海龙蛤蚧口服液、益肾丸、鹿茸胶、参阳胶囊、茸参补肾胶囊、茸桂补肾口服液、杞鹿温肾胶囊、补肾健脾口服液、参精补肾胶囊、复方海龙口服液、海益元合剂、鹿阳强肾胶囊、鹿蓉颗粒、强肾养心胶囊、蓉仙口服液、九味健肾胶囊、八子补肾胶囊、五子补肾酒、四味生精口服液、红甲虫草口服液、羊藿巴戟口服液、护肾保元合剂、杞蓉益精颗粒、参蛤胶囊、固肾口服液、复方刺五加温肾胶囊、复方淫羊藿口服液、复方雄蛾益阳口服液、复方黑蚁健肾酒、益阳口服液、蓉蛾益肾口服液、杞蓉养血口服液、海狗丸、茸芪益肾口服液。

👍 **建议选择**

【中成药】桂附地黄丸（片、胶囊、口服液）、附子理中丸（片）、肾宝合剂。

上　火

中医学认为人体阴阳失衡，内火旺盛，即会上火。因此所谓的"火"是形容身体内某些热性的症状，而上火也就是人体阴阳失衡后出现的内热证候，具体症状如眼睛红肿、口角糜烂、尿黄、牙痛、咽喉痛等。"上火"在干燥气候及连绵湿热天气时更易发生。一般认为"火"可以分为"实火"

和"虚火"两大类，临床常见的"上火"类型有"心火"和"肝火"。

主要表现

　　实火临床表现为面红目赤、口唇干裂、口苦燥渴、口舌糜烂、咽喉肿痛、牙龈出血、鼻衄出血、耳鸣耳聋、疖疮乍起、身热烦躁、尿少便秘、尿血便血、舌红苔黄、脉数。

　　虚火临床表现为多因内伤劳损所致，可进一步分为阴虚火旺和气虚火旺（气虚内热）两型。阴虚火旺多表现为潮热盗汗、形体消瘦、口燥咽干、五心烦热、躁动不安、舌红无苔、脉细数。气虚火旺常见症状有全身低热、午前为甚、畏寒怕风、喜热怕冷、身倦无力、气短懒言、自汗不已、尿清便溏、脉大无力、舌淡苔薄。

　　解决方法是"去火"，即中医学的清热泻火法，可服用滋阴、清热、解毒消肿药物，也可用中医针灸、拔罐、推拿、按摩等疗法。平时要注意劳逸结合，少吃辛辣煎炸等热性食品。

✅ 可选品种

　　【中成药】三黄片（丸、胶囊）、黄连上清丸（片、胶囊、颗粒）、一清胶囊、罗黄降压片、八正合剂、田七花叶颗粒、连翘败毒丸、喉咽清口服液、二丁颗粒、四黄泻火片、养阴口香合剂、清火养元胶囊、黄连解毒丸、黄连双清丸、复方鸡骨草胶囊、金银花颗粒、玉叶解毒颗粒。

👍 建议选择

　　【中成药】三黄片（丸、胶囊）、玉叶解毒颗粒。